我的第一本 iPad手帳

從製作到裝飾，
用 **GoodNotes** 與 **Procreate**
打造更適合自己的專屬電子手帳

나의 첫 아이패드 다이어리

Sharky、Bamtol、DT GoodNote
———————————————————— 著

黃莞婷————— 譯

●

實現心願清單

　　我二十二歲入伍後,作為訓練兵接受訓練之際,突然萌生了寫書的念頭。當時的我想過要寫什麼主題或制定任何具體的計畫,單純只想執筆寫作,於是我在訓練兵手冊上,把入伍當成起點,寫起自傳。然而,由於艱苦的訓練和寫作素材枯竭,致使我的寫作中斷。當時的我覺得不是人人都能寫書的,從那之後,我把寫書這件事寫入我的心願清單。此後,我雖偶爾會閃過寫書的念頭,卻沒有特別的契機促使我動筆,於是這件事始終留在心願清單上。

　　光陰荏苒,到了日新月異的二〇二〇年初,我執筆寫作。我盡可能地站在新手iPad用家的立場上,以簡單易懂的描述介紹我十年來使用iPad的小技巧。我邊寫這本書,邊訝異於自己的文思泉湧,更驚訝於我長年累月積累的iPad相關知識與技巧居然到了足以出書的地步。先前我多次嘗試執筆,次次都以失敗告終,一個名為iPad的3C產品,居然實現了我險些滯留在心願清單上的夢想。我一方面感到神奇,一方面很感激蘋果公司。

　　對某些人來說,iPad無疑是幫助他們實現讀書、工作與夢想而值得感謝的產品。在迫不及待使用iPad之前,我們還有很多需要了解的地

方。至今市面上還沒有能替心癢難耐的我們爽快搔癢的書籍，可以説相當地不便。

這正是我寫這本書的原因。我盡可能從新手的角度執筆，希望透過這本書替大家解開使用iPad時的疑惑。如果各位至今只把iPad當成觀看YouTube、Netflix等各種影音平台的視聽產品，那麼我希望藉由這本書，延展iPad現有的使用領域，讓工作、日常生活與學習更有效率。

我要對我的太太和兩個女兒獻上謝意與歉意。我太太支持我經營YouTube頻道，使它成為寫這本書的基礎，同時給予我精神與經濟幫助。我平常上班日與假日都忙於YouTube影片拍攝與剪輯作業，無法陪二女兒玩耍，而我的大女兒已經像大人一樣，成為家中的堅強支柱。另外，儘管他們不在這裡，我依然想藉這次機會向年輕時飄洋過海到美國打拚吃苦的父母説聲我愛你們，謝謝你們。我也要我唯一的弟弟説聲我愛你。他在襁褓時跟隨父母與兄弟一同前往美國，由奶奶與叔叔一手拉拔。並且我要向不久前離世的越戰參戰勇士岳父，與獨自侍奉婆婆的岳母表達感謝。最後我要感謝研發出iPad令我得以實現夢想的史蒂夫·賈伯斯，和YouTube訂閱者，跟一起創作這本書的DT GoodNote、Bamtol和BJ Public出版社。

Sharky

●

無法獨力完成的書

　　我希望這本書有助於讀者學習如何製作數位表格，還有能藉由手帳。更有效地管理某人的人生。此外，倘若這本書能促進無紙化，成為守護地球的人生微小變化的開端，會更加意義非凡。我寫書的時候遇見了很多值得感謝的人。除了Sharky和Bamtol之外，還有一樣正在使用iPad手帳的作家們。

　　為了幫助讀這本書的讀者能容易消化書中內容，與其炫耀我知道的知識，我選擇回想我第一次買iPad的時候，一一地進行說明。第一次買iPad的人會覺得iPad不好上手，尤其是從微軟的Windows系統跳到蘋果的Mac系統，就連最基本的開啟與保存檔案都會覺得困難與彆扭。我希望透過這本書，讓大家以GoodNotes為基礎，跟iPad變得更親近。

DT GoodNote

盡情享受數位生活

自從購買iPad後，我的生活變得更加輕鬆、便利。我原本背著環保購物袋和裝專業書籍的沉重包包，還有一大早就出門排隊列印講義的日常生活，全都被一台iPad取而代之。無紙化這個小小的變化滲透到我的生活中，讓我盡情享受數位生活。

在寫稿的過程中，我煩惱著作為一名普通的大學生能傳達什麼內容給讀者。但正因我的平凡，所以我更能站在讀者的立場思考，聚焦iPad要如何在大學生活中發揮效用，傳遞更實用的訊息。

在我因興趣著手設計數位手帳的時候，我哪裡想得到我會超越名叫「WooziWoo」（우지우）的個體，進一步經營起公開聊天室與「Bamtol」品牌。如果只有我一個人，絕對無法實現這件事。我想把這本書和感謝的心獻給和我一起長久苦惱的羅美（라미），以及陪我一起引領「裝帳」（裝飾手帳）的珍貴人們。通過寫這本書，我體驗了一次新的挑戰，獲得有意義的經驗，所以非常地開心。那麼，從現在開始，讓我們邁出智慧iPad手帳的第一步吧？一起出發！

Bamtol

目錄 ————

PART 1

讓生活更加有效率的iPad

PART 2

我的第一本iPad手帳：親自製作GoodNotes模板

PART

1

讓生活
更加有效率的
iPad

手帳裝飾和子彈筆記

CHAPTER

01

DT GoodNote

　　購買iPad就像踏入了全新的無紙化數位生活，但難免和現在的類比化生活存在格格不入的地方。請各位使用iPad的時候，搭配Apple Pencil跟本書，這樣才能替無紙化生活增添綜效。Apple Pencil能把類比融入數位時代，幫助我們擺脫數位的侷限，以類比書寫方式表達自己的想法與感受。

　　使用手帳有兩大目的，一是讓日程和業務變得有效率，一是作為興趣手帳使用。

1-1 子彈筆記是什麼？用專屬符號提升日程管理效率 ▶

<圖1-24> 子彈筆記

子彈筆記（Bullet Journal）由瑞德‧卡洛（Ryder Carroll）在二〇一三年設計。瑞德‧卡洛幼年罹患注意力缺失症（Attention deficit hyperactivity disorder, ADD），他為了克服疾病而發明出子彈筆記。「子彈」是創造專屬記號管理日程的方法。儘管有人認為寫子彈筆記反而會更忙，但根據研究結果顯示，每個人每天會有五萬種以上的想法，因為要管理的想法多，所以覺得待辦事項多。人們可透過子彈筆記，系統性地管理與整理生活與腦中想法，增加生產效率。

1-2 全世界吹起「裝帳」風潮：裝飾手帳文化 ▶

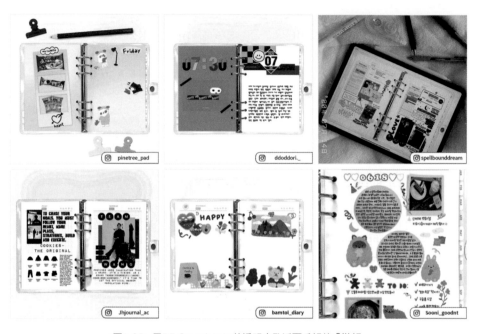

<圖1-25> 用DT GoodNote的透明六孔活頁手帳的「裝帳」

　　搜索「Plan with me」就能縱覽全世界的「裝帳」（다꾸）文化，在Instagram搜索裝飾手帳的標籤，能看見許多裝帳。「裝帳」是裝飾手帳的簡稱。裝帳是我的個人興趣。我不是為了達成某種結果或目的才裝飾手帳，我把裝飾手帳的愉快過程當成個人興趣，從而變成一種療癒。當我埋頭潛心於貼滿一張張的貼紙與寫滿手帳時，我脫離了充滿競爭的生活，精神得到休息，並且能靜下心審視過往情緒，成為維持現有生活的原動力。

1-3 一上市就引起搶購風潮的iPad

<圖1-26> Apple Store全景

　　為什麼蘋果產品一推出就讓所有人為之瘋狂？理由正是蘋果的品牌力量。蘋果追求單純，蘋果產品沒有添加許多額外配備，導致使用者迷失方向，不知道如何是好，反而只提供使用者一種最佳操作方法——正是iPhone首見的Home鍵。靠一個Home鍵就能操作iPhone。

　　再者，賈伯斯追求完美設計，就連外觀看不見的電腦內部也委託設計師好好地設計。一九八八年上市的第一部蘋果iMac以設計為主，性能因應設計而調整。蘋果首席設計官強尼‧艾夫（Jony Ive）深受賈柏斯信任，他表示最先理解蘋果產品的材質與功能，接著從使用者的角度思考，使用者使用產品時會有什麼樣的想法，消費者經驗本身就是一種設計師哲學。首先考慮消費者的經驗，然後設計出相應的設計，以提高產品便利性。也許這就是為什麼蘋果產品比其他競爭企業更貴，但每次有新品上市，始終引人關注，產品熱銷之故。

數位手帳的優點

CHAPTER
02

DT GoodNote

　　管理無紙化生活的手帳跑到了iPad裡！讓我們看一下為什麼要用iPad寫手帳吧。

| 無紙化 |

　　無紙化時代真的會到來嗎？如今報紙發行量減少，我們逐漸改用網路或手機應用程式看新聞。房地產合約、銀行業務及各種合約也逐步電子化，銀行的紙本存摺也漸漸消失，人們使用網路銀行應用程式處理銀行事務。無紙化生活遠比想像得更深入我們的日常。

　　Apple Pencil幫助我們從類比化生活順利邁入數位化生活，我們甚至延續類比筆試方式，把筆試轉為數位化。另外，在大流行之後，環保問題不再是別人家的事，而會直接影響到我們的生活。這就是為什麼我們必須要選擇能拯

救地球的生活方式，留給未來正面影響。

｜可攜性｜

請把四處分散的便條紙、筆記、一整年的日記與最近的讀物放入iPad裡，包包會變輕。至於繪畫方面，只要安裝繪畫應用程式，就跟把素描本和繪畫道具放入iPad一樣，帶著iPad走到哪就能畫到哪。

｜保管數位檔案｜

各位怎麼保管有著往日回憶的日記和手帳的呢？請利用iPad分年度備份檔案吧。回憶會被保存成數位檔案，如果使用的備份硬碟具有密碼功能，就能安全保管屬於自己的祕密。

｜簡單修改、刪除與調整貼紙大小｜

我們在寫紙本手帳的時候，假如改動或取消上個月就寫好的日程，會導致頁面變得凌亂，但數位手帳可以乾淨俐落地修改和刪除日程。如果各位怕寫紙本寫錯，不知道從何下手好，iPad的簡單修改和刪除功能能給予很大的幫助。

｜親手做貼紙和模板｜

市面上的手帳都是按個別使用目的，進行了固定排版，不管再怎麼努力找想要的手帳，我們總是會感覺到哪裡不滿足。不過，數位手帳可根據個人的喜好和生活方式，親手製作，管理起來也方便。

| 把今天拍的照片輕鬆地放入手帳 |

　　我們寫手帳的目的有時是為了管理日程和計畫，有時是為了留下一天的紀錄。如果是後者的話，可以把手機拍下的照片傳到iPad的數位手帳裡。尤其是iPhone用戶，只要把iPhone與iPad連線，就能直接複製iPhone裡的照片到iPad上。

| 比起裝飾實體手帳更低廉的興趣支出費用 |

　　當興趣是裝飾手帳的時候，花在買紙膠帶和貼紙上的金額會很相當可觀。剪刀、膠水和五花八門的筆，現在全部再見！iPad數位手帳有許多共享貼紙，付一次錢，就能無限制複製使用，減輕經濟負擔。

GoodNotes應用程式
簡介與使用方式

CHAPTER

03

DT GoodNote

GoodNotes是iPad付費生產力工具排行榜第一名的應用程式。我們接下來要看的是它的使用方式。儘管GoodNotes本身功能繁多,但我們主要介紹的是寫筆記和iPad手帳所需要的功能。

我會以GoodNotes 5為主進行說明,版本為5.6.15。假如各位購入了iPad和GoodNotes應用程式卻不知從何開始,那麼請按本書指示,按部就班進行。想善加活用花錢買下的GoodNotes,就得先了解GoodNotes。

建立新文件，匯入PDF檔 ▶

｜建立新文件｜

想在GoodNotes建立新文件，請點擊右側的[+]Note圖示後，再點擊[筆記本]，就能建立新文件。

<圖2-1> 在GoodNotes中建立新文件

可直接套用GoodNotes內建的筆記本模板，選擇橫向、直向、方格、橫線筆記等等。

<図2-2> GoodNotes內建各式各樣的直橫向模板

匯入PDF檔 ▶

如果想要匯入內建模板之外的活頁,可匯入圖檔或PDF檔。接著我們來了解一下從Safari瀏覽器或資料夾匯入PDF檔的方法。

|將PDF檔匯入iPad的方法|

我在YouTube頻道上傳iPad筆記應用程式相關影片時,最常收到的提問

就是，要怎麼把PDF檔放進iPad？iPad的OS系統是封閉式系統，對第一次使用蘋果公司產品的人來說，操作不易，但一旦理解原理之後，就會變得簡單。我先簡單說明匯入PDF檔的方法。

首先各位得有Apple ID才行。如果不知道什麼是Apple ID的話，建議上網或YouTube搜尋，網路上有很多資訊，請各位參考網路資訊之後進行註冊。當各位註冊完Apple ID，會得到iCloud 5GB免費容量。iCloud是蘋果公司提供的雲端服務，想成是跟Dropbox、Google Drive、Naver Cloud一樣的東西就行了。在iCloud能匯入大部分想匯入應用程式的檔案。之後書中介紹的所有應用程式也會以從iCloud匯入資料的方式進行說明。

| Windows用戶 |

我想大多數用戶使用的是Windows系統，而不是Mac的OS系統。從桌機中匯入檔案是最簡單的，所以我會以桌機為基準進行說明。首先請各位用自己在iPad上使用的帳號登入www.icloud.com。

<圖2-3> 將PDF檔匯入iPad的方法（1）

現在各位已經登入了iCloud。在這裡點擊中間上方建立新資料夾，根據個人喜好在資料夾中再建立子資料夾，或直接放入檔案，存成PDF檔或ePub檔即可。我個人是把檔案保管在我的資料夾中。

<圖2-4> 將PDF檔匯入iPad的方法（2）

I Mac用戶 I

iCloud是蘋果公司提供的服務，在Mac Finder中會自動安裝iCloud Drive。各位在iCloud Drive裡新增資料夾，把檔案放進去管理就可以了。

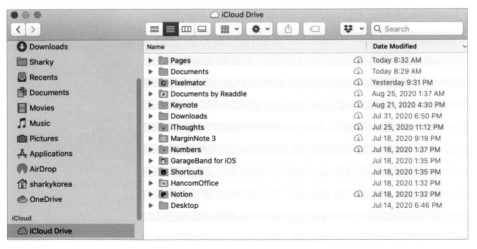

<圖2-5> 將PDF檔匯入iPad的方法（3）

| 從Safari瀏覽器透過網路匯入PDF檔 |

<圖2-6> 從Safari瀏覽器下載PDF檔

接著，我要介紹怎麼把網路下載的PDF檔匯入GoodNotes。

TIP　接著，我要介紹怎麼把網路下載的**PDF檔匯入GoodNotes**。

www.dtgoodnote.com有免費內頁區，那裡有我蒐集的免費內頁，各位使用
iPad Safari瀏覽器連上網站，就能下載各式各樣的GoodNotes免費模板。

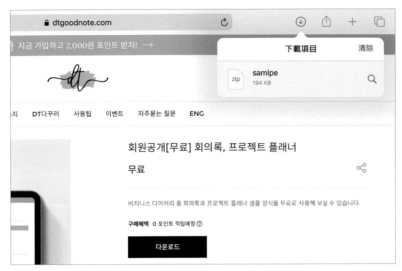

<図2-7> 従Safari瀏覽器右側選單中點擊箭頭圖示就能確認下載進度

從Safari瀏覽器下載PDF檔後，點擊右上方下載圖示，便可確認下載進度。

<圖2-8> 匯入GoodNotes

在下載完成後，點擊匯出文件圖示（小箱子有個箭頭的圖示），就能將PDF檔複製到GoodNotes，然後再用GoodNotes打開PDF檔。

┃用PDF檔案格式開啟HWP檔┃

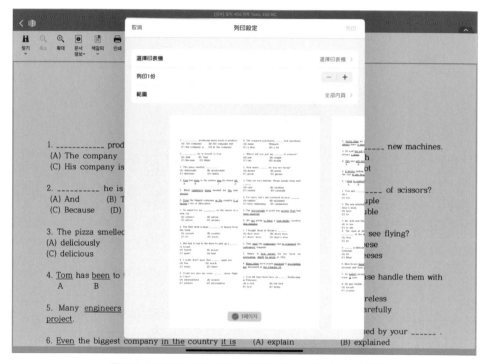

<圖2-9> 從預覽模式放大文件，匯出到「GoodNotes」的畫面

用文件預覽應用程式開啟HWP檔。點擊列印按鍵，用雙指放大要列印的PDF檔，接著選擇「複製到GoodNotes」，就能在GoodNotes中打開HWP檔。

| 匯入放在管理檔案應用程式的PDF檔 |

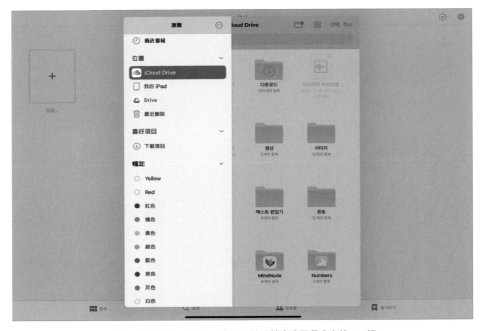

<圖2-10> 在GoodNotes上匯入管理檔案應用程式中的PDF檔

　　使用iMac或MacBook的人，只需使用電腦的檔案管理應用程式，儲存PDF檔之後，就能同步到iPad的應用程式，直接把應用程式中的同步的PDF檔匯入GoodNotes就行了。在檔案管理應用程式中打開PDF檔，點擊[匯出]就能在GoodNotes開啟。

　　接著，在GoodNotes應用程式點選[匯入]，就能匯入存放在iPad、或iCloud、又或是Googld Drive等的文件。

設定筆的種類與線條粗細 ▶

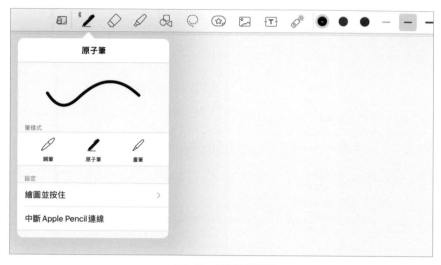

<圖2-11> 選擇筆的種類

在GoodNotes上點擊筆的圖示後，在右側會有更具體的設定，可以看到鋼筆的粗細與顏色，也可選擇原子筆或鋼筆等筆的種類。在各位用筆畫線的時候，如果想畫直線，畫線後輕壓筆尖就可畫出相應的直線。這在繪製圖表或公式時很有用。另外，想用筆繪製圖形或線條時，壓著筆不放便可拖拉變形。

在筆的設定中設定[繪圖並按住]後，能連接起個別線條，轉為一個圖形。

| 線條粗細設定方法 |

根據活頁大小，內建多種粗細選擇，若以GoodNotes應用程式基本設置為主，則4mm線條是最恰當的。

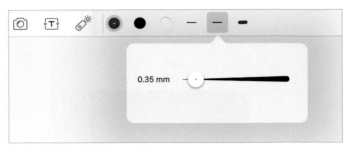

<図2-12> 設定筆粗細範例

｜設定顏色的方法｜

GoodNotes4不能另外設定顏色，但GoodNotes5可以調整色值。

我向各位說明一下在GoodNotes上使用色值的方法。假如各位選用的是一般筆。會出現固定顏色，但如果選用螢光筆，就能調成稍微透明的顏色。

各位可以直接使用色碼設定顏色。在輸入#000000六位數色碼之後，設置色值。在Google網站（google.com）與Pinterest網站（pinterest.com）上，搜索「色碼」（Colorcode），就能找到各種顏色的色碼。下一頁是我的個人推薦色。

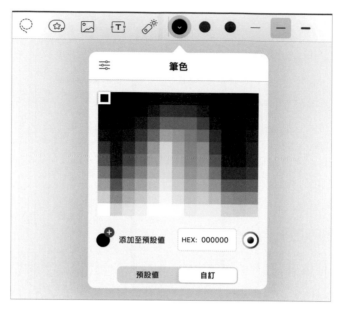

<図2-13> 顏色設定方法

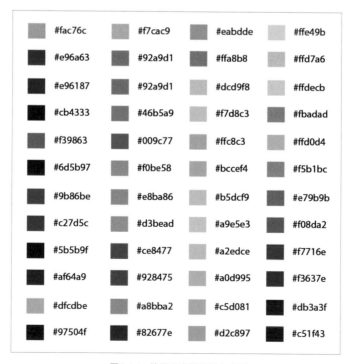

#fac76c	#f7cac9	#eabdde	#ffe49b
#e96a63	#92a9d1	#ffa8b8	#ffd7a6
#e96187	#92a9d1	#dcd9f8	#ffdecb
#cb4333	#46b5a9	#f7d8c3	#fbadad
#f39863	#009c77	#ffc8c3	#ffd0d4
#6d5b97	#f0be58	#bccef4	#f5b1bc
#9b86be	#e8ba86	#b5dcf9	#e79b9b
#c27d5c	#d3bead	#a9e5e3	#f08da2
#5b5b9f	#ce8477	#a2edce	#f7716e
#af64a9	#928475	#a0d995	#f3637e
#dfcdbe	#a8bba2	#c5d081	#db3a3f
#97504f	#82677e	#d2c897	#c51f43

<図2-14> 使用自定顏色輸入色碼

| 輸入文字 |

在GoodNotes點擊輸入文字圖示，就會出現輸入文字框，並且可自行設置字體大小等基本設定。除了基本字體，使用者可以在iPad GoodNotes上自行設定想用的字體。

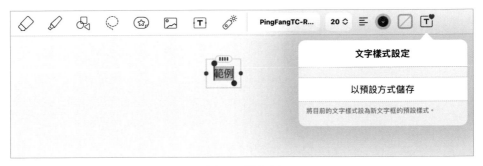

<圖2-15> 輸入文字

另外，在iPad設定中安裝其他的字體（例如：iFont），安裝好的字體會出現在GoodNotes。各位可利用套索工具一次刪除輸入文字框。關於套索工具的內容。我會在後面的[使用套索工具]詳細說明。

添加頁面 ▶

<圖2-16> 新增頁面

在GoodNotes最後一頁做出拉動翻頁手勢，會出現添加增頁面的提示，執行這個動作的話，最後一頁會被複製，生成新的一頁。除此之外，也有其他添加頁面的方法。各位點擊右上方 [＋] 圖示的話，會出現添加頁面的選項。這是利用 [複製當前模板] 貼上的方法

<図2-17> 添加目前模板頁面

各位可用添加頁面功能以拓增目前模板。

<図2-18> 複製頁面

　　GoodNotes可以把想要的頁面貼到其他模板裡，在想複製的頁面裡點擊右上方的 [⋯] 更多圖示，接著點擊 [複製頁面]，到想貼上的模板裡點 [貼上頁面]。

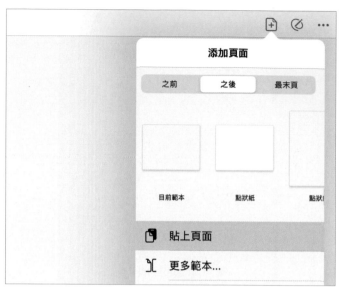

<圖2-19> 貼上頁面

如果想添加新頁面，先複製頁面再貼到自己想要的位置。

TIP 改變封面

把漂亮的圖檔匯入GoodNotes後複製，到想複製的筆記本，執行 [貼上頁面] 就能改變封面。

調動頁面順序 ▶

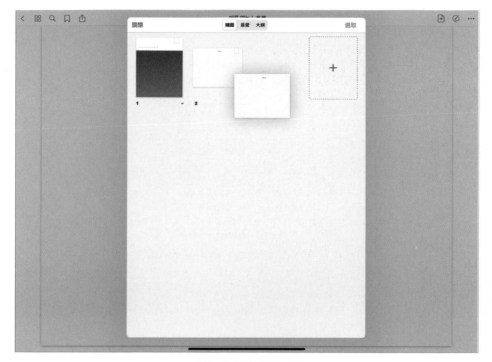

<圖2-20> 開啟圖像工具列

　　想調動頁面順序時，開啟筆記本後點擊左上方的棋盤圖示。在此狀態下，各位可用Apple Pencil選擇欲移動的頁面，然後拖曳移動。

插入照片（貼紙使用方式） ▶

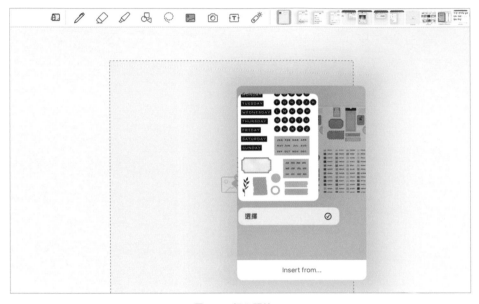

<圖2-21> 插入照片

GoodNotes可利用插入照片功能，將照片當成貼紙般活用。首先，先點擊照片圖示，把照片插入GoodNotes模板。

把照片插入筆記本後，點擊上方三角形就能裁剪照片，調整四方形大小，或自由剪裁留白部分。

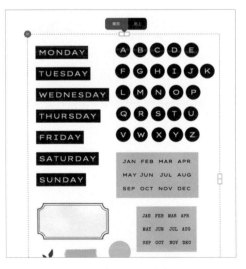

<圖2-22> 把照片插入模板中

用套索工具複製圖檔後移動 ▶

　　使用套索工具時，要先選取對象物件。也就是説，如果要讓套索工具識別對象物件，必須先打開圖像工具列。

<圖2-23> 開啟圖像工具列

　　在GoodNotes中插入圖檔後，可以透過複製貼上輕鬆移動常用圖檔。也就是説，各位可以把常用的貼紙彙整起來，配合複製貼上功能使用，相當方便。

　　按下套索圖示之後會彈出[套索工具]，要打開圖檔選項，套索才能識別圖檔。在打開圖檔選項的狀態下，用Apple Pencil圈出欲選取的圖檔範圍。

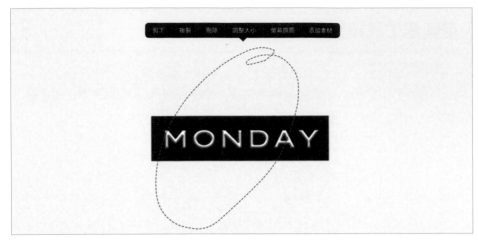

<圖2-24> 把圖檔複製到套索工具

<圖2-25> 複製圖檔

在選取範圍後，請各位用Apple Pencil點擊選取內容，接著在工具列點擊〔複製〕，執行複製動作。然後，在套索工具的狀態下，各位在想貼上圖檔的地方，點擊貼上，圖檔就會被複製貼上。

畫圖形 ▶

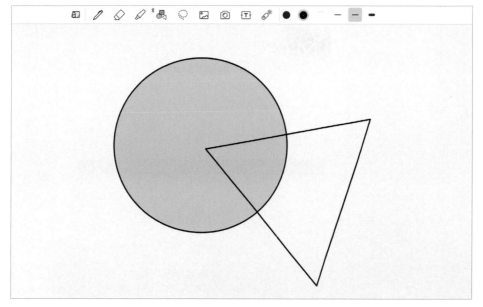

<圖2-26> 形狀工具圖示

　　在GoodNotes中，需要畫底線或圖形的時候，只需點擊上方的形狀工具圖示，並且畫出線條後不放，GoodNotes便會自動製作出相似形狀的直線或圖形，如此一來就能輕鬆畫出乾淨俐落的線條。如果畫出圖形後，執行回到上一步動作，那麼圖形裡的內容會消失，只剩下線條。

使用套索工具 ▶

套索工具有可選取自己想選取的區域，再加以調整的功能，對調整大小、複製和改變顏色非常有用。在選取套索圖示後，無論是圖檔或筆記，都可以拖曳選取想選取的區域。

<圖2-27> 用套索工具選取筆記區域，改變顏色

在選取套索工具的狀態下，拖拉、選取筆記，緊壓不放後會出現工具列對話方塊，指定[顏色]選項，就能改成想要的顏色。

GoodNotes其他小撇步

| 雙擊 |

這是Apple Pencil 2獨有的功能。雙擊輕點筆尖附近,可切換成橡皮擦,擦拭寫好的筆記。

| 同步備忘錄 |

在備忘錄應用程式上做的筆記可同步到GoodNotes上。

| 同步iPhone |

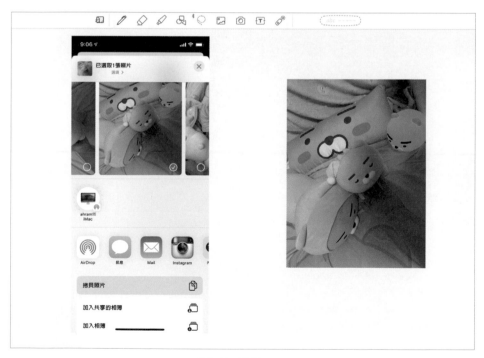

<圖2-28> 同步iPhone

選取傳送iPhone儲存照片的選項，在複製後，就能直接把照片貼到iPad的GoodNotes上。

| 活用GoodNotes大綱功能 |

　　在模板中，可用超連結輕鬆移動頁面。假如是沒有超連結的PDF，可利用GoodNotes大綱功能隨心隨欲地移動頁面。在可查看全部頁面的地方，將頁面添加至大綱中。

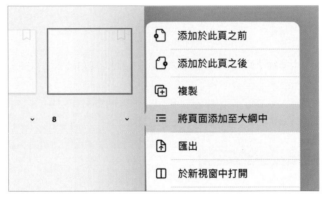

<圖2-29> 活用大綱功能

Ｉ抽認卡模板 Ｉ

<圖2-30> 抽認卡模板

　　抽認卡是讀書時很實用的GoodNotes內建模板。在GoodNotes中打開新文件時，選擇A7（iPhone）比例大小，直向，最後面會出現抽認卡選項。選取抽認卡選項，以自問自答的方式，在Question & Answer上填寫試題或先前答錯的題目。

<圖2-31> Question & Answer

　　點選右上方[⋯]更多，選取[學習抽認卡]選項，就能隱藏Answer，只顯示Question。由於頁面設定成iPhone尺寸大小，所以在iPad上製作的筆記，日後可在iPhone的GoodNotes上利用零碎時間複習，非常實用。

| 分享筆記 |

<図2-32> 分享筆記

　　GoodNotes的分享與匯出功能，可雲端同步筆記。各位能跟使用
GoodNotes的朋友們一起寫筆記。比如説，跟上同一門課的同學做課堂共
筆，或寫交換日記。

讓數位手帳更加豐富多彩
的應用程式與網站

CHAPTER
04

Bamtol

　　數位手帳的優點是能把我想要的照片立即放入手帳中。不僅如此,還能免費下載網路共享貼紙。本章要介紹能讓iPad手帳加倍豐富的應用程式和網站。

　　實體貼紙很好買到,但我們該去哪下載裝飾數位手帳的貼紙呢?很多人第一次接觸數位手帳的時候,對畫功沒信心,打算製作數位手帳貼紙,可是卻又不知道去哪裡買,多少會感到迷惘。藉由入口引擎網站和Google搜尋、儲存圖檔之後,去背再匯入圖檔,是製作數位貼紙的方法之一沒錯,不過把圖檔作為貼紙之用,活用度低,而且如果照用存成四方形的圖檔,會佔據掉不少手帳面積,且有可能得不到滿意的成品。

　　我們可以使用iPad的GoodNotes的「Freehand」,或是Keynote的「立即Alpha」執行去背功能。有很多方法都能去背,但要把繁雜且背景色彩眾多的圖檔完美去背並不容易,去背後難免總覺得看起來哪裡不對勁。要拿

來裝飾手帳的數位貼紙，除了圖檔的模樣是自己喜歡的之外，背景也得透明一些才行吧？我們所知的圖檔格式大多是「.jpg」檔，但透明背景的貼紙得是「.png」檔。

在這一章，我會替各位介紹能獲得有質感又漂亮的貼紙的應用程式與網站，從此以後，各位不用在網上搜尋數位手帳貼紙了。從能輕鬆下載背景透明的數位貼紙，作為裝飾手帳之用的網站，到好用的應用程式，我會一次介紹。

4-1 應用程式（APP）

4-1-1 100％活用蘋果內建應用程式，Keynote

第一個要介紹的應用程式是被稱為蘋果版Power Point的Keynote。Keynote是蘋果公司製作的幻燈片製作應用程式，基本上，各位購買iPad時已經直接安裝在裡面。Keynote不但能製作幻燈片，還能簡單剪輯動畫和照片。用幻燈片應用程式製作數位手帳貼紙，各位可能會稍嫌生疏，不過我們還是試試看，靈活運用Keynote的「圖形」和「立即Alpha」功能製作貼紙。

| 製作圓形貼紙 |

在執行Keynote後，選取「白色」主題。接著，點擊兩個內建的文字框，刪除，讓頁面變得乾淨。在這裡點擊右上方按鍵可添加多種圖形。

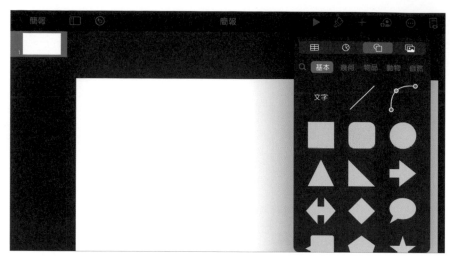

<圖2-33> 執行Keynote之後，按[+]按鍵後選圓形

　　今天我們要做一個簡單的圓形貼紙。在點擊圓形圖案之後，選取右邊選單。在這裡可改變圓形圖案的樣式，用[填充─顏色]換成想要的顏色，就能完成單色圓形貼紙。

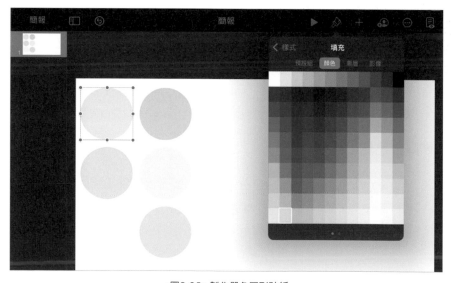

<圖2-35> 製作單色圓形貼紙

請各位根據個人喜好調整不透明度，我個人推薦微調不透明度，約調到60～70％是最自然的。接著，沿用這次的方法，讓我們來製作進階版的圓形圖案貼紙吧。方法很簡單，點擊[填充—影像—更改影像]插入下載好的圖檔。

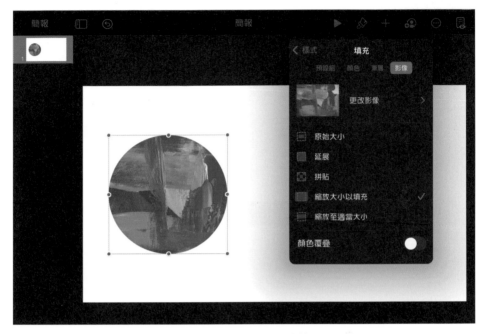

<圖2-35> 製作單色圓形貼紙

　　我想製作能成為手帳亮點的貼紙，所以選擇了有華麗色彩的圖檔。利用這個方法，不但能製作簡單的圖案貼紙，也能製作照片貼紙。我們做到這裡，差不多能收尾了，但假如現在製作的貼紙不適用於現在的幻燈片，那麼各位可通過「拼貼」或「延展」再行調整。

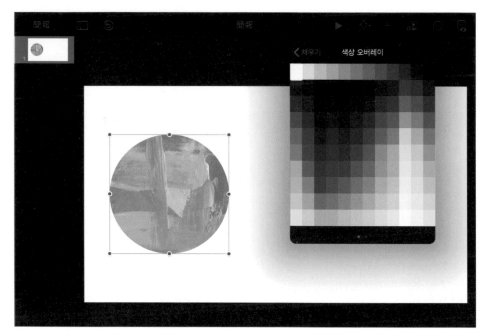

<図2-36> 通過覆蓋調整顏色

　　如果各位想改變顏色，可通過 [顏色填充─填滿] 改變圖檔顏色。在填充顏色時，選擇白色或黑色，並調整不透明度，直到出現我們想要的顏色為止。

| 製作便條紙 |

　　這次我們製作一個有四角形圖案的便條紙吧。首先，製作一個四角形圖形，就像前面教的製作圖形一樣。比起四四方方的四角形，我個人更偏好圓角四角形，所以我選擇圓角四角形。請各位依據個人喜好，在四角形圖案中填充單色，做成單色便條紙，又或是插入喜歡的圖檔，做成圖案便條紙。

<図2-37> 插入四角形便條紙圖檔

　　如果各位覺得原本的樣子就很不錯，大可直接使用。但如果希望便條紙背景不透明一點，可從 [樣式—不透明度] 調整。假如圖檔本身顏色太深，以致看不清字，各位可從前面提過的 [圖檔—顏色填充] 調整顏色。

　　我使用的圖檔色彩過於強烈，不適合在上面寫字，因此為了方便寫筆記，我在現有的便條紙裡添加新圖檔。在添加製作出作便條紙使用的四角形圖檔後，記得把顏色改成白色或黑色。

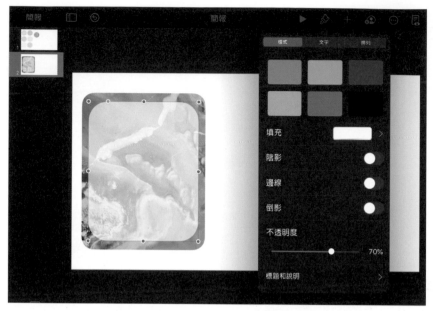

<図2-38> 在插入圖檔後，調整顏色和不透明度

　　當各位把調整完顏色的圖形移到現有的圖形上時，會出現指示對準中央線的黃線。大家只需按自己的喜好調整不透明度就可以了。就這樣，我用相同的照片完成兩種不同感覺的便條紙。在這裡暫停一下！從Keynote上看來，這兩張圖檔像是合起來的，但實際上它們仍是兩張圖，我們得把兩張圖檔合成一個群組才行。

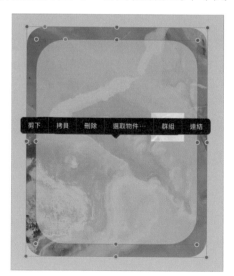

<図2-39> 圖檔群組化

　　群組化的方法不難。請點擊空白螢幕任何一處，選取[全選─群組]選項，兩張圖就會合成一張圖。不過，假如這時候有很多個圖檔的話，則所

有圖檔都會合成一個群組。因此，碰到有很多圖檔的情況，各位別忘了用手指點選出欲群組化的圖檔之後，再進行群組化。

| 儲存活用 |

之後我們只要把製作好的貼紙存成png檔，放到GoodNotes上使用就完工了。

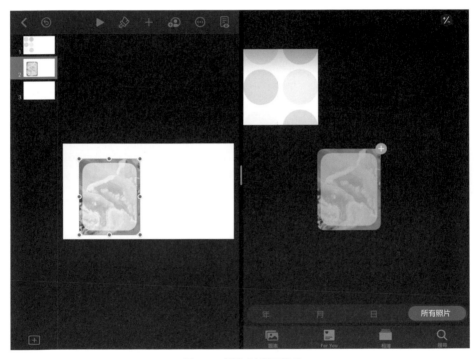

<圖2-40> 透過分割顯示拖放

把製作好的貼紙存成png檔的第一種方法是，點擊並複製想要匯出的圖檔後，黏貼到GoodNotes上就行了。而第二種方法是分割顯示（並列視窗），同時使用Keynote和相簿，把圖像拖入相簿。前者單純地「複製貼上」的缺點

是，每次要用這個圖檔就得回到Keynote找才行，但假如把圖檔存到相簿裡，下次想用，輕鬆地從相簿匯入就行了，對吧？如<圖2-40>所示，我們點擊綠色的[+]按鍵後放開手，那麼這個圖檔就會被放入相簿裡。接下來，我們只要把圖檔匯入GoodNote裡，作為貼紙使用就行了。

請各位把做好的貼紙存檔後，匯入GoodNotes吧。按照上述方法，直接貼上或匯入圖檔都可以。

<圖2-41> 用Keynote貼紙裝飾

我用親自製作的貼紙裝飾了手帳，比原本的四角形圖檔佔據的手帳面積更小，完成了充滿個人風格的手帳。用自己做的貼紙裝飾手帳，是不是更有意義呢？方法簡單易懂，大家了解之後會對裝飾手帳有很大的幫助。

| 使用立即Alpha去背 |

　　接下來我們要了解Keynote最有用的功能──去背。這個功能能輕鬆去除jpg圖檔原有背景，並作為GoodNotes貼紙使用。

<圖2-42> 使用立即Alpha去背

　　在Keynote裡匯入想去背的圖檔，我建議這時候只用單一色調、或白色背景色，又或是簡單線條的圖檔。因為在進行立即Alpha時，有可能無法乾淨去

除複雜的背景色或線條，更糟的話，會連我們原本想要的圖檔都被去除。

在選取想要的圖像的情況下，點選右上方的形狀圖示，接著點擊 [圖片—立即Alpha]，執行立即Alpha功能，拖曳選取的顏色能讓背景變得透明。

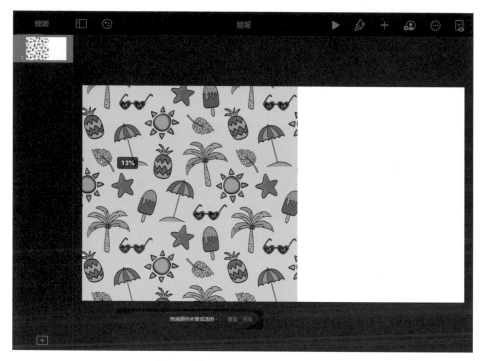

<圖2-43> 拖曳，讓被選取的顏色變得透明

像這樣，薄荷色的背景會被去除。請邊拖拉邊調整百分比，調整出各位理想中的圖檔。在製作出理想的透明背景圖檔後，複製，貼到GoodNotes上即可。

<図2-44> 在GoodNotes裡使用Freehand製作貼紙

在選取GoodNotes圖檔後，再利用 [剪裁—Freehand] 功能，剪裁想使用的圖案。

<図2-45> 用立即Alpha功能裝飾手帳

完成了！我們藉由Keynote的立即Alpha功能，把圖檔做成了背景透明的貼紙。之後把這些貼紙貼到手帳，驕傲感倍增。

4-1-2 活用免費模板裝飾手帳

| Over |

這一次我們要了解的是Over應用程式。Over提供內建模板，不只是在製作簡單的海報或雜誌時能派上用場，哪怕只是簡單修改內建模板，也能輕鬆完成超有感覺的海報。

<圖2-46> Over App

首先，請各位到App Store下載OverApp後執行應用程式。點擊首頁下端的「Templates」，可以確認多種內建模板與模板尺寸大小。由於有些內建模板需付費，所以請各位選擇左上方標有「Free」的模板，或在搜索欄搜索「Free」後選擇免費模板。

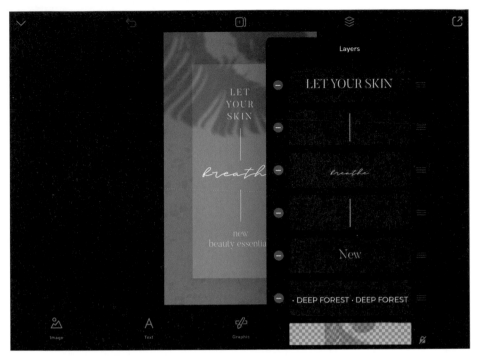

<圖2-47> 去背，作為貼紙用

　　選好想要的模板了嗎？Over最大優點就是能自由修改現有模板裡的字句、背景、顏色及排版，打造符合使用者偏好的圖像。我們會使用這個模板製作png檔。

　　選取右上角的分享按鍵旁的層疊按鍵後，立即能看到構成這個模板的圖層。除了我們要作為貼紙使用的圖檔之外，請把其他的圖層全部刪除後，選取最底層的「背景」。我們可以改變選取好的背景顏色。今天我們要用背景製作出透明貼紙，所以請點擊下方的OFF鍵，使背景變得透明。假如看見背景變成灰色的網格圖案，那代表背景已經成功轉為透明背景。

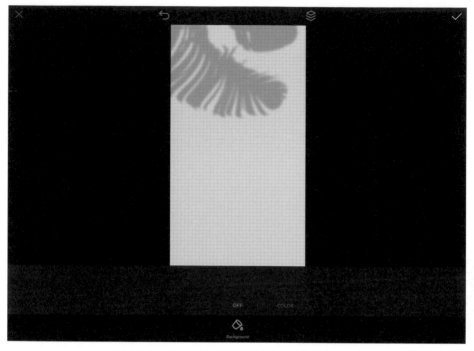

<図2-48> 除了作為貼紙使用的圖層之外，其他圖層全部刪除

　　現在我們已經大功告成，只需要按下右上方的[Export]圖示，將圖檔[SAVE]到相簿裡，接著把圖檔匯入GoodNotes，我們就能按自己的意思裝飾手帳。Over是個使用簡單，能製作出符合我們所想的有質感貼紙，相當有用的應用程式。

　　接著，雖然各位還沒試過這樣做，但各位可以試著在Over裡執行透明背景，製造出有各種文字的圖檔。在需要寫手帳題目或日期的時候，請大家盡情活用這個方式。這個應用程式跟GoodNotes不一樣，能調整文字的顏色、字距、陰影和不透明度，所以使用者能展現出更有魅力的手帳。

　　順道一提，雖然Over能免費使用各種字體，不過全部都是英文字體。各位必須另行下載韓文字體，才能在上面使用韓文字體。我會在下一章介紹如何在iPad上安裝字體。

| Canva |

<図2-49> Canva App

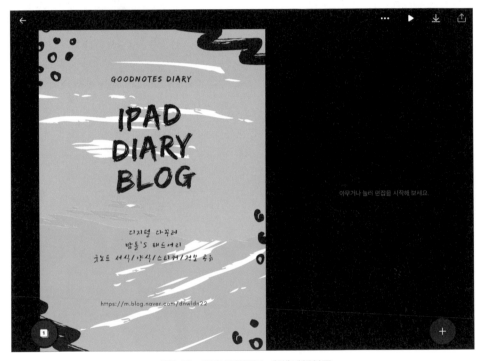

<図2-50> 活用各種模板，製造手帳封面

　　接下來我會介紹兩個近似於Over應用程式的應用程式。它們同樣提供了免費模板。第一個要介紹的應用程式是「Canva」。Canva可使用6萬個以上的模板，包含動畫模板，還有根據不同社群網站的適用圖檔大小的類別，管理方便。

我的部落格照片就是用這個應用程式製作的。此外，它也具備拼貼圖片功能，能創造出有感覺的拼貼照，還能製作名片或簡單的簡報。這是個根據使用者需求，有相當多樣化應用的應用程序，我推薦大家試用看看。

| Seen |

<図2-51> Seen App

　　第二個要介紹的是「Seen」。這個應用程式和Over、Canva一樣，能編輯模板，只不過它只支援直版。「Canva」是按尺寸大小分類模板，而「Seen」是按主題與風格分類。右上角的皇冠圖示代表收費，在搜索框上搜索「Free」就能篩選出免費模板。我個人下載了免費模板，再匯入GoodNotes，用於裝飾手帳。想用與眾不同的活頁取代常用的活頁時，Seen會是很有用的應用程式。

<図2-52> 保存模板，作為手帳背景使用

4-1-3 數十萬張貼紙全都屬於我，PicsArt

<圖2-53> PicsArt App

　　接著，我要介紹的應用程式是PicsArt。PicsArt是個高人氣修圖編輯應用
程式，多年來，在App Store照片分類排行榜裡名列前茅。PicsArt除了能修圖
之外，還能下載貼紙。操作方法很簡單，先執行PicsArt，然後按下 [+] 按鈕，
會出現「背景與免費照片」類別，可以活用在手帳貼紙或背景上。我們要下載
的是背景透明的貼紙，點擊最下方「彩色背景」的灰格圖檔。灰格就是透明背
景的意思。請大家在選擇灰格圖檔後，於編輯窗下方選取「貼紙」選項。

　　選取後會出現許多貼紙，其中有「皇冠」圖示的是付費貼紙，請各位根據
個人喜好，選擇沒有皇冠圖示的貼紙。PicsArt的最大優點是有各式各樣的貼
紙，可通過搜尋，找出各分類的貼紙。只要充分利用PicsArt，裝飾手帳綽綽
有餘。雖然大家大可選好想要的貼紙，再調整貼紙大小，個別儲存、使用。不
過，我建議可以調整好大小，將五、六張貼紙存在同一張圖檔上，然後，根據
需求，調整貼紙不透明度、效果與陰影等選項之後使用。選取「下載圖片」選
項以存檔，再「執行GoodNotes—導入圖片」後，把圖檔當成貼紙使用。其
實不只有圖片，還有文字、插圖和卡通等各式各樣類型，如果「煩惱今天該用
什麼貼紙」的話，試試看PicsArt如何？

4-1-4 需要靈感和創意點子的時候，Pinterest

<圖2-54> Pinterest Appp

Pinterest作為賦予形象與靈感的應用程式，在國外也很有名。雖然我們可以透過網站使用，但在iPad使用iPad版應用程式會更方便。把Pinterest想成是可以搜尋與下載圖片的應用程式，就像使用Google搜尋圖片一樣地使用就行了。透過搜尋，我們能立即找出想要的風格圖片，並且下載。

<圖2-55> 生成專屬內容，存入資料夾

當各位找到自己喜歡的圖檔時，可以生成個人圖版，按資料夾別儲存圖檔，方便以後查找。就算不存在手機相簿裡，使用者也能把圖檔存在Pinterest圖版裡，這正是Pinterest的魅力點。我們該如何利用作為靈感與創意泉源的Pinterest呢？

1　在儲存想作為貼紙使用的圖檔之後，利用Keynote的「立即Alpha」功能作成貼紙。

2　可以儲存的圖檔當成手帳背景或GoodNotes筆記本封面照使用。

3　儲存符合個人喜好的圖檔，以填充行事曆的空格，完成充滿個人風格的圖片手帳。

4　可下載作為手機或iPad的背景圖。

5　可以搜尋色碼，然後到GoodNotes裡輸入色碼使用，或下載圖檔，另建調色板。

6　模板圖片多，可透過Keynote製作數位紙膠帶。

7　要在Notability中用儲存好的圖檔裝飾手帳時，得存成「gif」檔，可作動圖使用。

像這樣，Pinterest不但能下載圖片，還能取得數位貼紙、色碼與手繪圖等等。當各位想不出手帳主題的時候，通過Pinterest獲得靈感如何呢？它絕對會讓各位的手帳變得更豐富多彩。

4-1-5　在iPad裡放入想要的字體，iFont

在Keynote、Over和GoodNotes裡使用文字時，總會覺得可惜。這些應用程式有很多漂亮的英文字體，但很缺其他語言的字體。雖然使用者可以自行下載字體後，透過共享功能，傳送到Procreate和Over應用程式，但奇怪的是，無法傳送給「Keynote」和「GoodNotes」。使用者碰到這種情況，

多半感到慌張。本節要介紹「iFont」應用程式，當然有很多應用程式也有類似功能，不過我主要會教各位如何「iFont」應用程式，把想分享的字體分享到要使用的應用程式。各位請先下載安裝完「iFont」應用程式，然後各自下載喜愛的字體。

<圖2-56> 下載字體之後，藉由iFont共享

在「分享—複製到iFont」之後，執行iFont，左邊會出現下載好的字體[INSTALL]鍵。按下按鍵後，在跳出的視窗裡選取[允許]選項後，會跳出下載檔案的提示窗。

在按下關閉鍵後，執行「設定」。「設定」左邊會出現「已下載完的檔案」，按下安裝後，輸入iPad四位數或六位數密碼。如果系統顯示檔案安裝完畢，代表字體已完成安裝。

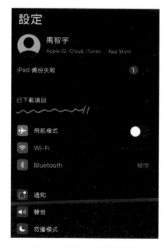

<圖2-57> 輸入密碼後下載檔案

<図2-58> 在GoodNotes裡使用下載好的字體

接著請各位執行GoodNotes，確認字體是否安裝完畢。假如安裝好的話，各位可以看見剛才下載的字體被添加到字體選項中。手寫實體手帳時，內容太多會造成書寫的壓力，但在數位手帳上，利用手寫字體，既能凸顯書寫感，也不乏簡潔。

4-2 網站 ▶

4-2-1 對手寫筆跡沒自信？字體下載網站

我在前面介紹了在iPad安裝字體的方法與iFont應用程式。那麼，在哪裡可下載又實用又漂亮的韓文字體呢？這次我要介紹給大家三個下載字體的地方。

| Naver Software資料室 |

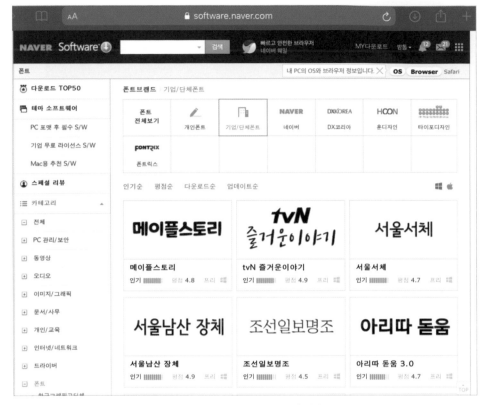

<圖2-59> Naver Software資料室

　　第一個網站是「Naver Software資料室」（네이버 소프트위어 자료실）。我想應該有很多人知道這個網站。這是提供各種PC軟體下載的網站。各位點擊資料室首頁左側類別中的「字體」，就能輕鬆地查看有哪些字體。PC和iPad都能下載字體，不過偶爾會碰到與iPad不兼容的字體檔，請大家多留意。

<圖2-60> Naver CLOVA網站

　　第二個要介紹的是Naver提供的另一個手寫字體下載網站。「Naver CLOVA」蒐集韓文字手寫字體創作比賽中的贏家們的字體作品，通過AI技術，轉換為數位字體。每個字體創作者都有各自的故事，能從中感受到他們的真心，是個更加有情感溫度的網站。我特別推薦給在GoodNotes裡靠打字寫手帳的人，瀏覽一下能感受到手寫感性的Naver CLOVA網站。另外，Naver CLOVA下載的字體不僅能作個人用途使用，也開放給企業與組織商業化使用，是以在自己的部落格上分享自製的字體貼紙也不成問題。

| noonu |

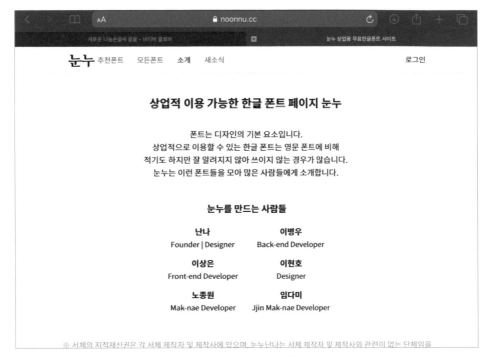

<圖2-61> noonu網站

　　最後我要介紹的是「noonu」網站。noonu是提供商業字體的網站，在這裡蒐集了各大地方自治團體與企業提供的字體。點擊想要的字體後，再點擊〔下載〕，就能移動到提供該字體的原始網站。偶爾會出現iPad無法下載的字體，各位須仔細確認。

4-2-2 免費下載高畫質圖檔

| Pngtree |

<圖2-62> Pngtree網站

　　Pngtree是可以獲得png圖檔、背景與模板的網站。一天能下載兩個免費
圖檔，不過部分圖檔須購買高級會員使用券才能下載。在加入會員後，選取想
要的圖檔，點擊[PNG下載]會出現[查看]與[下載]的提示窗，按下[查看]就
會顯示圖檔，長壓圖檔，選擇[追加到相簿]，就能在GoodNotes裡作為貼紙
使用。

| Rawpixel |

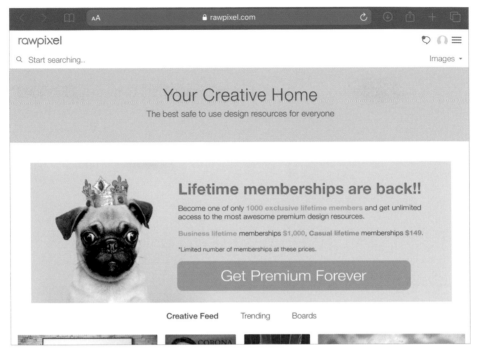

<図2-63> Rawpixel網站

　　第二個網站是Rawpixel。儘管Rawpixel與Pintree性質差不多，不過前者有更多抒情風格的圖檔和貼紙。Rawpixel一樣須購買高級會員使用券才能下載某些圖檔，但透過搜尋，我們可以選擇有「free」圖示的圖檔，甚至可透過進一步篩選，讓搜索結果只列出png檔。png檔的圖檔背景為灰色網格。

　　選擇想下載的圖檔後，點擊[Free Download]，跳出提示窗時，選擇[查看]，接著同樣選取想要的圖檔後，[添加到相簿]。Rawpixel有很多抒情復古風貼紙，有助裝飾復古風手帳。此外，它不只有png貼紙，也有很多能拿來當手帳背景的圖檔，這也是為什麼我會推薦這個網站。

| Pixabay |

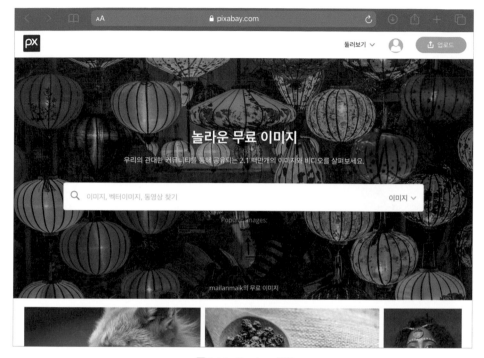

<圖2-64> Pixabay網站

　　Pixabay有很多商業性和向量圖檔，使用者眾。因為Pixabay有很多高畫質的抒情圖檔，所以是設計師們的愛用網站。在Pixabay首頁中央的搜索引擎，選擇「向量圖」後能搜索想要的圖檔，接著像先前一樣，點選想要的圖檔，再點擊下載鍵即可。

Bamtol

5-1 記錄讓我的一天變得寶貴

　　雖然我們能藉由iPad看影片和學習，不過用iPad寫日記也許還是有些陌生。我透過iPad養成了各種習慣，像是，系統性地管理日程、學習計畫、減肥計畫、家計簿和心得筆記等等。假如不記錄這些事，那麼我們的一天終將成為平凡的一天。養成記錄的習慣比想像中更有價值。

　　假如我不記錄平凡的日子，等到時間過去，那些日子就會變成記憶模糊的過去，養成記錄瑣碎日常的習慣讓我得以回顧過去的我與過去的時光。我在開始寫日程計畫之前，不會另外把日程記錄在便條紙上。雖然我單純地把記錄想成是「好像記不住的時候再寫吧」，但自從我入手iPad，開始書寫日程計畫，記錄瑣碎的日程與自我感受之後，我才醒悟記錄的重要性。

記錄不是為了記憶，而是為了「回憶」與「學習」。把我在那一天做了什麼，經歷了什麼，感受到了什麼記錄下來，有時候，在寫日記當下沒能感受的事，事過境遷後重新翻閱日記才有所感悟。當我看見寫日記當時的想法與現在的想法變得不同時，體會到「原來我成長了」。過去的日子偶爾會使人們大徹大悟。本著這層意義，記錄日常生活同時也是送給未來的自己的禮物。小學時，我強忍睡意完成的日記作業，成為了我的鄉愁與追憶往事。

我們當然可以寫紙本筆記，只不過如果要把筆記分門別類的話，需要整理的筆記也會變多，有可能會難以持之以恆。相對地，iPad能一次性保管各種類型的筆記模板，在我們看著熟悉的內頁感到厭煩的時候，我們還能一口氣換掉內頁。這正是用iPad寫日記的魅力。記錄有著了不起的力量。養成記錄的習慣是了解自己的過程，更是留下自己的足跡，送給未來的自己回想現在的時間。

在本章，我將會介紹有效的日程管理，及有助於裝飾手帳的應用程式與網站，同時也會介紹各式各樣的模板及利用可愛貼紙的「裝帳」。日程數位化管理有哪些優點呢？

5-2 有效管理頻繁更動的日程 ▶

我個人是使用過月計畫表管理日程。雖然我們可以用手機應用程式管理日程，不過親自手寫，能把日程記得更牢。每個月以全新的心情書寫不同的手帳，加上看見手帳空白處，會感覺更加生氣蓬勃。假如我們長時間使用同一類格式的日程手帳，難免會膩，想換手帳，但很多時候又會覺得剩下很多頁，換掉太可惜了，又或是怕換了手帳會造成使用上的困擾，不得已繼續使用舊手帳。幸好數位模板能使我們避開這些困擾，能自由地複製、移動和刪除頁面，打造專屬自己的計畫。

<圖2-73> 藉由月計畫表管理日程

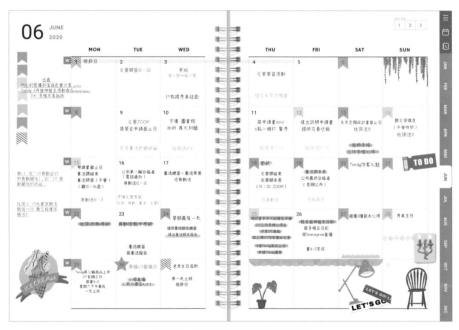

<圖2-74> 用自己的色彩進行日程管理

我用不同的顏色標記不同的日程，再用時間戳記貼紙標示出重要日程，至於超級重要的日程就會用螢光筆標記出來。如此一來，能直觀地使用手帳。使用不同手帳區分個人日程與公司工作日程也是不錯的方法。

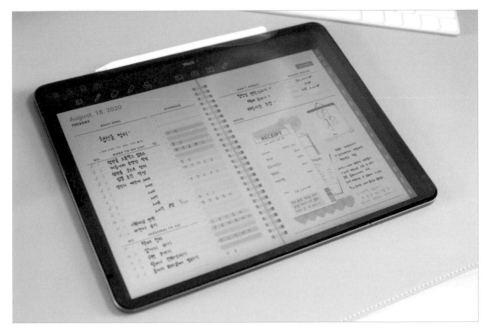

<圖2-75> 按日程種類管理日程

　　不僅是月曆，我也會利用日程表格整理一天日程，整理出公司業務與個人日程，進行有效的日程管理。另外，我也會制定今日目標，還有一些不能忘記的事。假如使用紙本手帳管理日程，日程變動大的話，有時很難修改，但數位手帳除了方便修改之外，還能直接移動文字，並追加螢光筆重點標示。

5-2-1 管理食譜、運動和睡眠時長

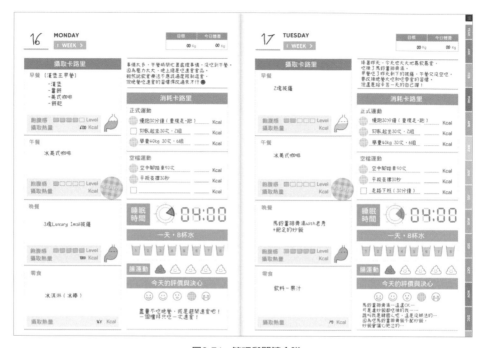

<圖2-76> 管理與閱讀食譜

　　我正在利用減肥計畫表，一次管理食譜、運動與睡眠時長。如果各位的目標是減重的話，那麼飲食管理與運動記錄非常重要。雖然我以前減肥的時候不會特別管理飲食，但透過記錄，我醒悟到自己有暴飲暴食的習慣。另外，我順手記錄了自己睡眠時間，發現原來我睡眠不足。就像這樣，在每次制定計畫時，我能再次下決心改變暴飲暴食與睡眠不足的頻率。還有，如果能搭配睡眠監測應用程式與卡路里計算應用程式，事半功倍。

5-2-2 靠月計畫和Habit Tracker成為「計畫專家」

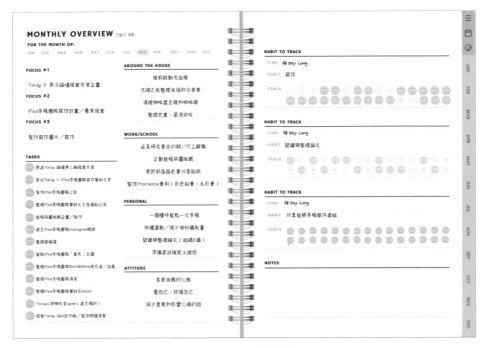

<圖2-77> 制定目標

　　我其實是「計畫專家」，在做任何事之前，一定會制定計畫與目標，並分階段執行。因為當事情按計畫進行時，我會感到很驕傲，而當事情不按計畫走的時候，我也不會因此而驚慌失措。我每個月都會制定「月計畫」，確定待辦事項的優先順序寫「To Do List」，一一刪去完成的事。剛開始可能會覺得有很多「Tasks」，但我不會只擔心填滿的任務格，我養成習慣，把一個日程細分成許多小日程，並且進行詳盡記錄。假如我只寫一個目標，我會不知道從何開始。但當我把日程以小單位細分之後，我能更有效地管理日程。

　　在有很多日程的月分，我很容易忘記約定或重要的日子，一旦我事先制定好本月計畫，以本月計畫為基礎，進而延展到每日具體細節，管理日程就變得

更簡單方便。按種類區分日程相當重要，像是家中紅白喜事、公司業務、個人約會與興趣生活等不同類的日程都得加以區分。像這樣子，把日程進行分類，再藉由Habit Tracker寫下想養成的習慣以及這個月自己和自己做了什麼約定。未來一個月，我就能執行計畫與追蹤習慣，期待自己逐步實現目標。

5-2-3 管理收支明細的家計簿

<圖2-78> 家計簿範例

我在大學打工時期沒有另外寫家計簿，收到的工讀費全花在生活費上，所以不知道要怎麼存錢。日子一天天過去，我展開實習生活。大筆的實習薪水入帳，我卻不知道要怎麼花它。我心想應該要存起來才對，於是開始寫家計簿。儘管最近有很多應用程式能自動把信用卡明細分析結果填入家計簿，但親手管

理與分析支出明細，才能更好的控管收支，降低不必要的花費。

　　手寫家計簿的另一項功用是，在記錄每月收入與固定支出的過程中，我得以看見自己的消費模式，能大概抓自己的預期儲蓄金額。除了固定支出之外，我每個禮拜編列10萬韓元支出預算。我抓出預算後就開始想方設法，節省生活支出。過去我每月平均咖啡錢要5萬韓元；拿疲倦當藉口叫外賣的外賣費超過10萬韓元；還有每天不必要的心理補償性網購消費等各種支出。當我省下這些支出，檢視每月的開銷，並且每個月都寫下讚揚與反省事項。

　　我檢視出沒寫家計簿之前亂七八糟的消費模式，改掉了不好的消費習慣。俗話說「家計簿愈乾淨愈好」，我只要一想起隔天自己寫家計簿的時候會有多懊悔，我就會自然地克制不必要的支出。這是手寫家計簿的出乎意表的優點。能自動記錄收支的應用程式當然方便，但當我親自記錄收支的瞬間，會自然而然地產生自我讚揚與反省的時間。

5-2-4 用照片記錄人生作品，用心得手帳書寫記錄

<圖2-79> 終身受用的心得記錄

各位喜歡看書、電影或電視劇嗎？我愛看Netflix，假如碰到激發靈感或深刻感想的好作品，我會想記錄觀影心得，記錄這部電影讓我印象最深刻的場面，還有我的感受。尤其是看電影的時候。我會特地把電影截圖拿來裝飾我的個人心得手帳。雖然我大可以把這種感覺珍藏在心底，但用心得手帳記錄下來，往後重新翻閱手帳時，別有一番妙趣。不過，如果要把電影劇照貼在紙本手帳上貼，就得貼上或列印出來才行，十分麻煩，但透過數位手帳寫心得，只需要把電影劇照存下來，插入手帳即可，非常方便。請各位也製作一本電影手帳，記錄自己這輩子最愛的電影或電視劇的觀賞心得，並貼上該部作品的劇照，用貼紙裝飾手帳吧。

5-3 數位裝飾手帳並不難

5-3-1 開始裝飾手帳的原因

我早就想嘗試裝飾手帳，但一想到家裡那一大堆的筆記本，還有買回家卻束之高閣的文具，再加上開始新的興趣愛好時要投入的費用，與會被佔用的空間，導致我卻步不前。對這樣的我來說，「數位裝飾手帳」解決了我所有的煩惱。數位手帳最大的魅力就是費用低廉，還有買一次就能一輩子使用的數位貼紙和手帳模板。假如今天我蒐集的是實體貼紙、便條紙和紙膠帶，那麼量一定會越來越多，到最後難以整理。幸好數位手帳的裝飾配件不佔空間，所有數位模板都能被整理成iPad檔案，不會有裝飾實體手帳的煩惱。

iPad數位手帳裝飾的最大優點是，使用者能上傳親自拍下的照片，並且在手帳上進行記錄。過去在寫實體手帳的時候，使用者得把照片印出來，但iPad數位手帳裝飾能輕輕鬆鬆地把當天拍的照片傳到手帳裡。如果各位有心記

錄去過的地方、吃過的食物和一起出門的人，用iPad寫數位手帳將會成為非常棒的興趣愛好。

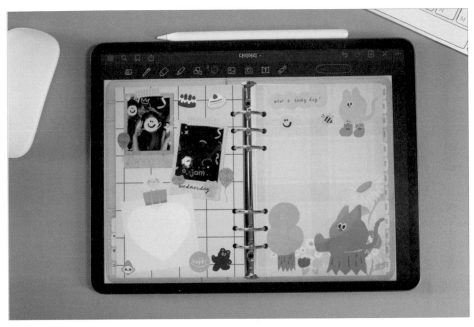

<圖2-80> 方便地記錄寶貴回憶

我向朋友們「推銷」裝飾iPad數位手帳的時候，發現大家都覺得很難。裝飾實體手帳難度不高，但相較於裝飾實體手帳，裝飾數位手帳得熟悉「iPad」使用方式，再者，對不熟悉GoodNotes的使用者來說，裝飾數位手帳的入門門檻更高了。

不管我怎麼誘惑有iPad的人嘗試裝飾手帳，卻總是得到類似的答覆：「我很想試試看，但不知道怎麼開始」或「我沒自信持之以恆」。各位也覺得iPad數位手帳裝飾遙不可及嗎？還是沒自信堅持下去才遲遲不開始或乾脆放棄呢？如果是這樣的話，請傾聽我的故事吧。

5-3-2 捨棄每天都要寫的想法

大家是不是覺得每天都要寫手帳，壓力很大？從今天開始請放棄這個想法吧。我一開始也覺得得像寫作業一樣，天天持續地寫，要是一天不寫就會出現空白，為此而煩躁。我有時很晚到家，洗完澡馬上入睡。說實在的，我認為天天寫手帳太難了，而且我不認為漏掉幾天沒寫，就得一口氣全部補寫。記錄日常生活很重要，但更重要的是持之以恆地記錄。

任何事只要一有「一定得做」的強迫性，人們很容易就會半途而廢。比方說，工作忙碌，導致一個禮拜沒寫手帳，一想到要補寫一個禮拜的分，很可能眼前一片漆黑，索性放棄不寫。強迫寫手帳會變成一種令人疲憊的壓力，好比馬拉松，全速奔跑的跑者跑到後面常常因為體力耗盡而放棄。任何愛好都是相同道理，是為了自己才做的事，是為了自己享受而做的事。所以我想請各位捨棄壓力，「在想寫的時候」才寫，怎麼樣呢？

<圖2-81> 享受手帳的樂趣，想寫多少就寫多少

5-3-3 捨棄盡善盡美的想法

　　我是懶惰的完美主義者，沒自信就連試都不會試。然而，要把事情做到盡善盡美就得勤勞才行，我卻因生性懶惰，連開始都沒能開始，時常與機會錯身。寫手帳也是一樣，如果我寫不出滿意的手帳，我寧可不要開始。就是因為這樣，我產生了連手帳都要寫得很完美的壓力，又名「裝帳倦怠期」。

　　請大家捨棄盡善盡美的想法。哪怕有一些空白，有一些不足，不盡如我們的意思，但只要有記錄，各位的手帳本身就有價值。寫手帳不是學校作業，轉換思維，捨去天天都要寫的壓力與要完美裝飾手帳的想法，變成「就算裝飾得不好也沒關係」怎樣呢？

<圖2-82> 裝飾手帳沒有標準答案

5-3-4 裝飾手帳的順序

| 決定手帳主題 |

　　裝飾手帳得先決定手帳風格，也就是主題。在復古、刻奇（Kitsch）、動畫卡通、抒情等多樣的主題裡，決定出自己的風格。儘管保有一貫裝帳風格很重要，但挑戰多樣的手帳風格能裝飾手帳的興趣變得更加趣味盎然。

| 決定主要手帳的內頁和貼紙 |

　　決定好主題之後，接著該決定在現有的手帳模板中，主要使用哪些內頁和貼紙。以自己決定好的樣式為主，再選擇輔助裝飾用的貼紙，以維持手帳整體的統一性。

<圖2-83> 決定滿意的內頁

| 在手帳內頁上比對各種貼紙 |

手帳內頁是決定當天手帳整體氛圍的要因，因此，即使使用同樣的貼紙，手帳的感覺也會因不同的內頁而改變。先挑好手帳內頁，再挑符合主題的貼紙，最後挑選與主貼紙搭配的輔佐貼紙，果敢排除與主貼紙不搭的貼紙。雖說貼紙各有各的魅力，但關鍵在於要考慮這些貼紙放在一起時的一致性。

| 剪下要用在手帳上的貼紙 |

數位手帳的一大優點是能自由移動貼紙。在撕掉黏在實體手帳上的貼紙時，稍有不慎，搞不好會先撕破紙張，連帶毀掉貼紙，但數位手帳省去這種擔憂。貼紙圖檔多半由多個貼紙圖案組成，使用者必須親自剪裁。使用者決定好這一次使用的貼紙圖案後，必須親自剪下要使用的貼紙，製作成單個貼紙圖檔。請大家先行配置貼紙的位置之後再寫手帳內容。

| 挑選背景 |

裝飾手帳到這裡告一段落，不過假如手帳內頁是由「透明背景的png圖檔」所組成，還得挑選背景才行。請各位活用背景創造別出心裁的手帳吧。

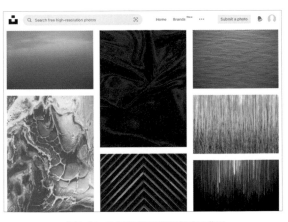

<圖2-84> 下載各種圖案與質感的背景

CHAPTER 05 用iPad寫專屬於我的手帳　85

5-3-5 貼紙整理法

　　大多數人在收集貼紙初期，不會另外整理貼紙。實際上，開始裝飾手帳之後，收集的貼紙量會逐漸增多，找不到想要的貼紙，數見不鮮。因此，我推薦大家動手收集貼紙的時候就要分門別類整理好。

　　一般而言，按照手帳風格整理貼紙是最簡便的，在裝飾手帳的時候，只需要看一個貼紙圖檔就夠了，省時又方便管理。比方説，要裝飾復古風格的時候，之前已經把有復古感的貼紙收集在一起，那麼找起來也很方便，挑貼紙也很方便吧？

推薦貼紙分類

1	圖形／紙膠帶		5	刻奇
2	簡潔／抒情		6	便條紙
3	動畫卡通／表情符號		7	數字／英文貼紙 字母
4	復古			

<圖2-85> 裝飾手作的數位手帳

| 用GoodNotes裝飾數位手帳的缺點 |

GoodNotes裝飾數位手帳也有其缺點。GoodNotes的筆種有限，無法使用多種質感的筆，而且碰到貼紙圖檔大或使用一次使用多個貼紙圖檔的時候，讀檔緩慢或應用程式自動閃退是家常便飯。還有，因為數位貼紙是數位產品，大小不一，用Freehand剪裁數位貼紙或其他數位貼紙的時候，得調整大小，很繁瑣。再者，GoodNotes沒有調整貼紙圖層（layer）功能。當使用者用各種圖案裝飾手帳的時候，必然會出現不便之處。在第四章，我會介紹如何利用「Procreate」應用程式克服所有的GoodNotes缺點。

> **TIP** 如果有人不知道該選哪種手帳背景和內頁，請利用以下介紹的免費圖庫網站。

我每次寫手帳的時候，都會煩惱「今天該用哪個背景好呢？」我傾向先選透明背景的png手帳內頁，在利用Procreate裝飾完之後，最後再選擇背景圖檔。考慮到須符合手帳裝飾風格與整體感覺，並且兼顧突顯手帳亮點，我會選擇無彩色或單色的背景，又或能表現實物感的時下流行背景圖。至於要如何在GoodNotes上改變手帳背景呢？方法很簡單。

1　在完成手帳之後，請開啟GoodNotes和相簿。
2　請利用套索工具圈選整個手帳。
3　把套選圈選部分拖入相簿，透明背景的png檔將被存為圖片。
4　在選好背景圖後，從GoodNotes裡叫出剛剛存好的圖片。
5　調整從相簿裡匯入的背景圖大小。

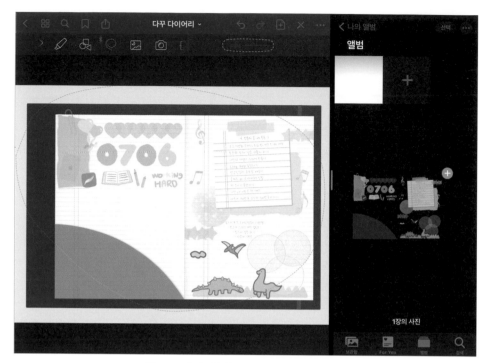

<圖2-86> 用套索拖放（Drag and drop）手帳

下列是我裝飾手帳主要使用的網站：

- Rawpixel
- Pixabay
- Unsplash

提醒各位查找背景圖時的熱門搜索「關鍵字」
#wall, #paper, #pattern, #texture, #desk

<圖2-87> 有實體手帳感的數位手帳裝飾

就這樣完成了有實體手帳感的數位手帳！不覺得很像裝飾完實體手帳之後擺在桌上拍的嗎？只要換個背景，就能完成像實體手帳的數位手帳。這本手帳是用Procreate應用程式進行裝飾的。Procreate是很有名的數位素描應用程式，我們該如何利用它裝飾數位手帳呢？詳細內容待PART4說明。

PART

2

我的第一本iPad手帳：
親自製作GoodNotes模板

即使按不同用途，買入市面販售的手帳，總感覺少了什麼，好像不適合我，因此動了自製手帳的念頭，這種時候該怎麼辦呢？學完iPad手帳之後，跟DT GoodNote一起製作手帳模板吧。

製作習慣追蹤器

CHAPTER
01

DT GoodNote

　　各位都曉得「習慣的力量」對我們的人生影響重大吧？我們今日的生活全依賴過往積習。熟悉的生活模式、不知不覺間養成的習慣⋯⋯假如我們希望有個改頭換面的未來，就得長久累積時間和經驗，創造能改變未來的習慣。

> 「找出習慣至關緊要。因為一旦養成某種習慣，人的大腦就會徹底停止參與決策。還有，大腦分不出習慣的好壞，時常隱蔽壞習慣，等待適當的信號與補償。」
>
> ——《為什麼我們這樣生活，那樣工作？》（The Power of Habit），
> 查爾斯・杜希格（Charles Duhigg）

　　首先劃分出自己想改變的習慣類別，像是減肥、職場與健康等等。設定好長期目標，配合習慣追蹤器，就能事半功倍。由於人體傾向維持現有狀態，因

此我們必須循序漸進地實踐小目標，才不致於一下子過度勉強。舉例來說，從每天喝八杯水這種微不足道的小習慣著手。

此外，我們也要檢視自己原本的模樣，如同對自己展開貼身採訪般，確認今天一整天有沒有我自己也沒發現的壞習慣？確認我是怎麼度過今天上下班路上，睡前等的各種零碎時間的？我浪費掉哪些時間？請各位試著想像把那些零碎的時間積累下來，最終能造就什麼樣的我。接著，把那些時間轉化成培養良好習慣的時間吧。

約三個禮拜能建立一個新習慣。三個禮拜過去，我們的身體就會養成新習慣，所以請各位將習慣追蹤器的單位設為三週。雖說萬事起頭難，但想著三週後能培養的新習慣，努力實踐吧。製作習慣追蹤器，並填滿它，會得到雙倍的成就感。像這樣子填滿習慣追蹤器，就能知道自己有沒有善用這一個禮拜或這一個月的時間。

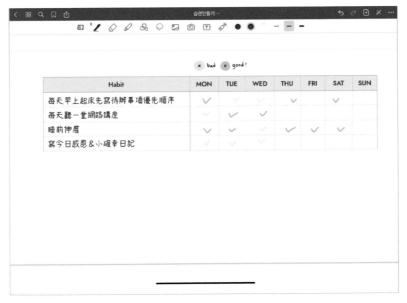

<圖3-1> 在GoodNotes上使用一個禮拜的習慣追蹤器範例

想要掌握生活步調或準備考試的考生，不妨沿用習慣追蹤器或類似模板，作為進度表使用。首先我們先利用iPad的內建應用程式Keynote進行製作。各位可以通過QR Code下載Keynote的原始模板，可親自製作新模板，也可根據自己的生活方式調整原始模板後使用。

<圖3-2> Keynote原始模板

打開iPad相機掃描上面的QR Code，會自動跳往可下載頁面。請用iPad的Safari瀏覽器開啟頁面。

1-1 用Keynote製作模板：建立新文件 ▶

由於這本書第一次介紹如何使用Keynote製作模板，因此我會邊說明Keynote基本用法，邊告訴大家怎麼製作習慣追蹤器。首先我們先用最基本的畫線與製作表格功能，製作內頁。

邊製作習慣追蹤器，邊學習的重點！

- 建立Keynote基本文件
- 建立表格
- 改變表格顏色、線條與輸入文字
- 把建立好的檔案輸出到GoodNotes

現在試著建立一個新文件。

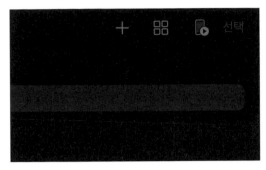

<図3-3> 在Keynote建立新文件

　　首先按下右上方的[+]鍵，開啟新文件。有許多主題供選擇，選擇白色背
景的文件。

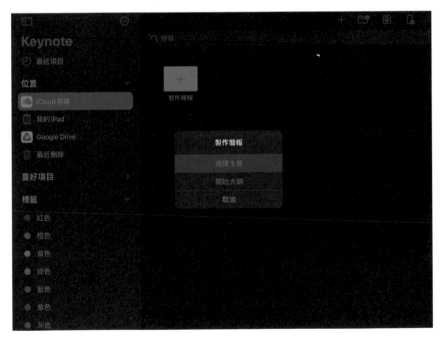

<図3-4> 在Keynote裡選擇主題

　　選擇最容易編輯的主題。

<圖3-5> 在Keynote裡選擇白色背景的主題

　　大家可以可以自行決定幻燈片大小，也可選擇Keynote的內建比例。假如喜歡橫版風格，就選橫向；假如喜歡直版風格，就選直向。我個人建議假如搭配鍵盤使用iPad，那麼橫版較佳，反之，假如單獨使用iPad或iPad mini，不搭鍵盤的話，直版較佳。還有，如果常使用分割畫面功能，直版會很有用。以下是Keynote中的新幻燈片版面，也就是建立新文件時會出現的畫面。

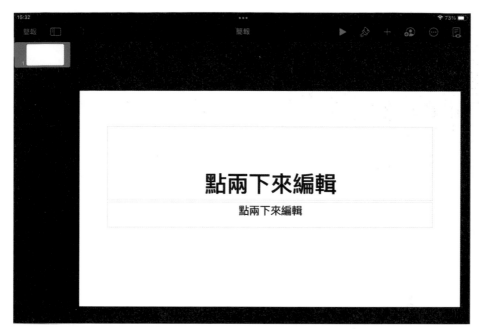

<图3-6> 在Keynote裡開啟新文件

1-2 在開始之前，設定Apple Pencil的小訣竅 ▶

<figure caption><圖3-7> 在設定Apple Pencil之前的畫面</figure caption>

假如要用Apple Pencil操作,就得先確認是否設定好,在選取 [選取和滾動] 的
狀態下,才能用Apple Pencil順利進行作業。

<圖3-8> 刪除不必要的文字框

　　刪除目前主題中多餘的文字框。可以查看文字框,用Apple Pencil點選
後,會顯示在上方。按下 [刪除] 就能輕鬆刪除。

1-2-1 建立表格

　　試著在Keynote裡建立新表格。在Keynote右側上方有 [+] 鍵,是添加新
物件的按鍵。點選筆刷形狀的圖示,製作出來的東西能增添時尚感。

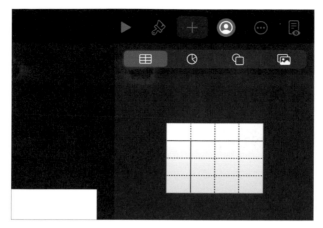

<圖3-9> 加入表格

點擊上方的[+]加入表格。

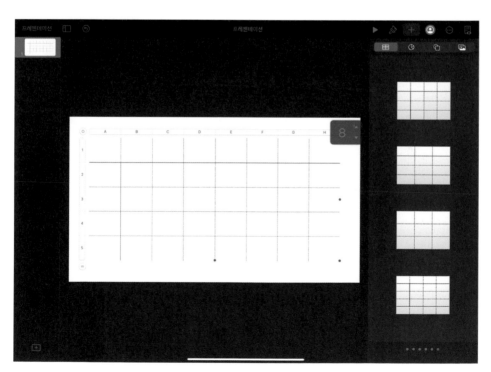

<圖3-10> 點擊邊角,設定欄列數

點選右上方的[+]圖示的按鈕，並點選下方選項，建立新表格。接著，點擊表格右上方邊角設定欄列數。我們現在要製作的是週習慣追蹤器（Weekly Habit Tracker）。因為是以一週為單位，所以是週一到週日。七天，需要七欄，還要另加一個填寫習慣內容的欄位，因此共八欄。至於列數，則視自己的養成習慣數調整。

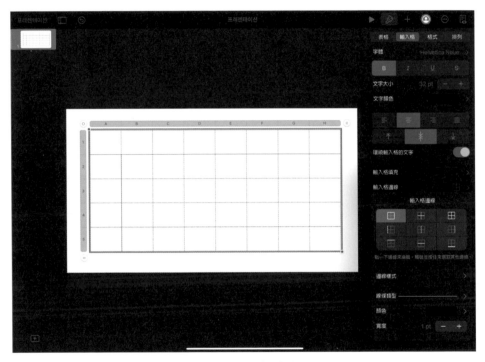

<圖3-11> 更改邊框樣式

　　點擊[格式]側邊欄，可改變邊框樣式、顏色與粗細等等。

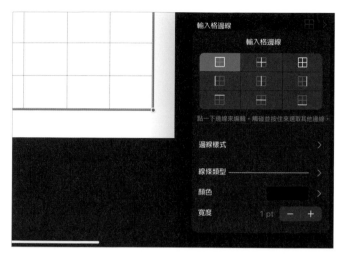

<図3-12> 更改邊框樣式

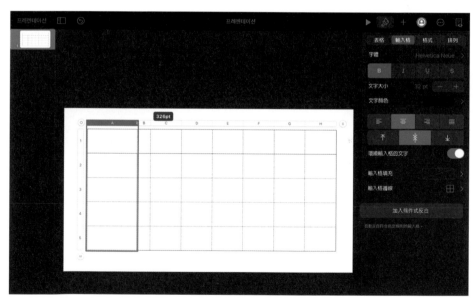

<図3-13> 調整表格間距

　　點擊表格上方與表格之間的線就能拖拉格線。調整表格間距，加寬習慣內容欄欄寬。用Apple Pencil雙擊表格就能輸入文字。

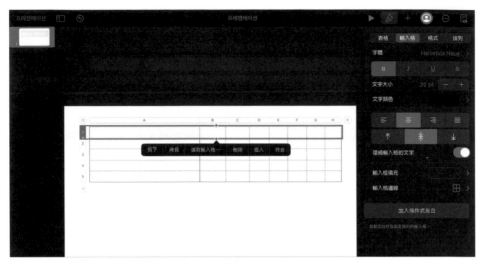

<図3-14> 選取最上方的標題列

用不同顏色填充習慣追蹤器的內容跟標示星期列。請點擊選取格子。

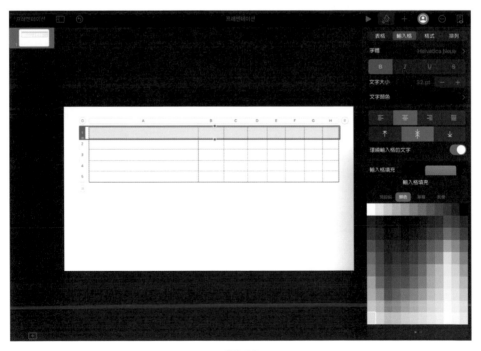

<図3-15>

在右側選項點選筆刷圖示，選擇[輸入格填充]，填入藍色。

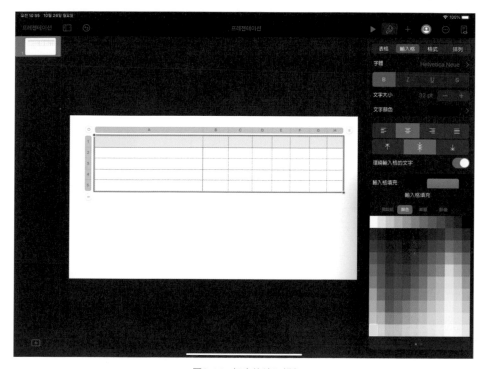

<圖3-16> 把表格填入顏色

選取表格可改變邊框顏色，可自行決定是否使用同為天藍色系的顏色，用同一色系統一表格顏色，有助產生相容的統一感。

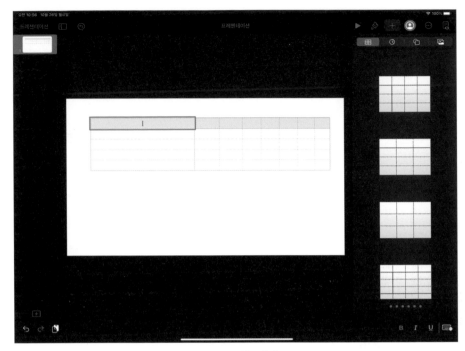

<圖3-17> 輸入文字

　　寫下這一個禮拜想遵守、想養成的習慣項目和星期。我個人分成睡前習慣和晨起習慣。早起後決定一天的日程順序，有助於決定用什麼樣的心態去面對新的一天。

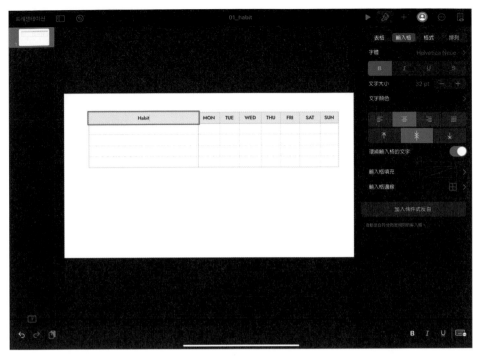

<図3-18> 改變字體

在[字體]工具欄可改變字體。我推薦各位使用iPad原生的Futura字體。
以下我會用與它類似的Jost字體進行。

TIP **Futura字體**

由德國字體設計師保羅・倫納（Paul Renner）於一九二七年設計。有許多我
們熟知的知名品牌使用此一字體製作商標，像是路易威登（Louis Vuittion，
LV）、杜嘉班納（Dolce&Gabbana，D&G）、大眾汽車（Volkswagen，
VW）、宜家家居（IKEA）等等。Futura字體的優點是易讀且簡潔。

Jost字體是可替代Futura字體的免費商業字體。在Google搜尋後可免費下載
（http://fonts.google.com）。

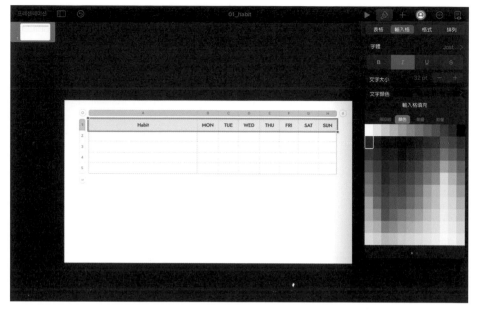

<図3-19> 改變文字顏色

　　考慮到文字與背景的搭配，在改變文字顏色的時候，我搜尋背景顏色色系中最暗的顏色使用。表格完成。考慮到要讓大家能跟著做，我製作的是好上手的習慣追蹤器模板。接著，讓我們把完成的表格匯入GoodNotes吧。

<図3-20> 輸出

　　點選右上方[……]圖示，會出現[更多]工作列，再點選[輸出]選項輸出檔案即可。

<図3-21> 以PDF檔輸出

　　GoodNotes不僅可讀取PDF檔，且能在PDF檔上作筆記，因此我們將
Keynote製作的檔案以PDF檔案格式輸出後，就能在GoodNotes上打開。不
是一定要用Keynote製作模板，用其他應用程式製作模板的時候，只要是能輸
出PDF檔供GooNotes開啟的應用程式都可以。

<図3-22> 佈局選項

　　在選取輸出選項後，會跳出 [佈局選項] 視窗。各位請想成數位列印出輸出的PDF檔就能理解了。佈局指的是我們把Keynote製作好的檔案列印到A4紙上長成的模樣。

　　同樣地，當我們要列印PDF檔的時候，得先選取預覽列印，檔案會全螢幕顯示。

<figcaption><圖3-23> 輸出至GoodNotes</figcaption>

　　選擇GoodNotes，檔案會立刻轉換為PDF檔，並輸出到GoodNotes。
系統會優先顯示個人偏好使用的應用程式，假如列出來的選項中沒有
GoodNotes，請點擊最後面[…]圖示，找出GoodNotes就行了。

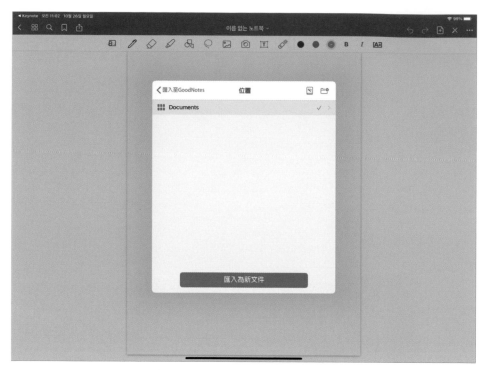

<圖3-24> 用GoodNotes叫出文件的畫面

　　在GoodNotes叫出文件時，最先跳出的會是[位置選擇]視窗。位置選擇的意思是選擇GoodNotes應用程式資料夾，指定儲存檔案的位置。Documents資料夾是預設的位置。第一次使用的人按預設位置儲存即可。假如自己另建其他的資料夾，則放在自己想儲存的資料夾也沒關係。

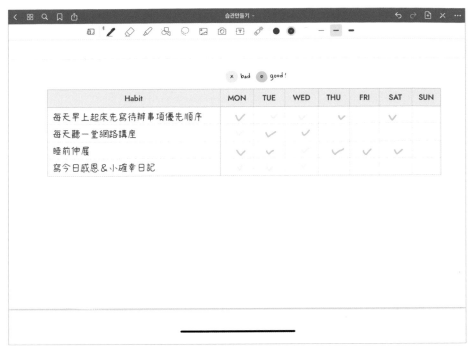

<圖3-25> 在GoodNotes使用習慣追蹤器

上圖是我在GoodNotes實際使用範例。我一早起來會坐在桌前，邊查看電子郵件，邊確認當天待辦事項。我已養成習慣，先安排一天待辦事項的先後順序，再開始新的一天。要是不這樣，我大概會手忙腳亂地處理眼前的事，錯過真正的重要任務。

習慣追蹤器很適合用於處理急迫性低，但一定得進行的重要事情，尤其像是保健方面，由於保健急迫性低，容易被人們疏忽。我花了幾年的時間才養成固定吃保健食品、做伸展運動等各種保健習慣。請各位試著用習慣追蹤器，擬定早晨與睡前的保健步驟吧。

1-3 製作手帳 ▶

　　我們藉由製作習慣追蹤器，熟悉了Keynote的基礎操作方式，也製作了基本模板。接下來，我們要製作手帳。製作手帳和製作習慣追蹤器是一樣的。等我們做出手帳的基本表格之後，會進一步了解「幻燈片主版」（Master Page）與「超連結」（Hyperlink）功能，以編排出更適合個人應用的手帳。我會進一步幫助大家理解「手帳設計風格」，以創造屬於自己的風格。

邊製作手帳，邊學習的重點！

- 插入超連結
- 理解幻燈片主版概念
- 理解設計風格

　　各位也許感到難度突然提高，但循序漸進地學習之後，會發現沒有想像中得難。

手帳設計過程

STEP 01　What
手帳排版

STEP 02　Layout
在內頁裡，要配置哪些What物件

STEP 03　How
決定用哪種風格表現那些What物件

　　下面介紹這三個步驟的過程：

What

手帳一般分成月記事手帳、週記事手帳和日記事手帳。以上述類別為基礎，製作者可追加自己想要的手帳構成物件。比方說，考生也許會在每日日程上追加空間，記錄一天的學習總時長；或是像我一樣的上班族，會把月記事手帳分為個人與職場兩個部分；或是喜歡確認制定好的計畫達成進度的人，追加進度確認空間也很不錯。請各位先寫出手帳裡要涵蓋的構成物件。

接著我們整理一下要在哪些部分加入哪些物件吧。以下範例是以一個月為主，製作的日、月、週記事手帳。

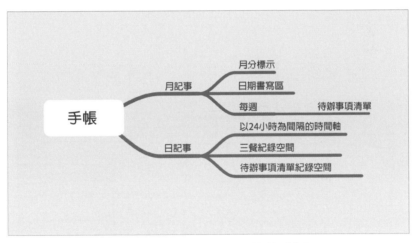

<圖3-26> 以心智圖整理出手帳層級的構成物件

STEP 02　Layout

各位先大略構思一下如何編排前面列出的構成物件。構成物件可以是文字、表格、框框或照片等等。當模板不需要太多物件時，會以文字與表格為主要構成物件。我們必須先把這些物件在紙上擺排，是因為看著空白頁的時候，我們可能感到茫然失措。在著手製作之前，事先制定計畫，編排分區與配置，

減少失誤。

　　手帳排版率先得考慮的是，自己安排這些構成物件時，希望營造出何種秩序。我們先把手帳版面大致分成三層級，確定哪些物件放在哪一個層級，或是確定物件是靠左對齊，還是置中對齊。當然各位也可以不按標準，自由排版。給各位參考，我製作手帳時，會把符合主題重心的關鍵物件置中，輔佐物件會靠右對齊。

　　還有，各位要妥善利用群組（Grouping），也就是整理出相似調性的物件，將多個物件組成一個群組。舉例來說，把跟日期有關的物件擺在一起，能有效地決定配置區域與希望營造的手帳效果。假如把無關的物件擺在一起會很傷腦筋的。

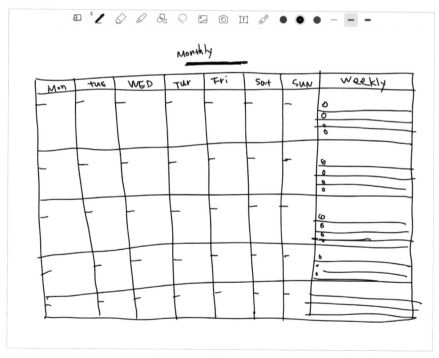

<圖3-27> 素描月記事手帳的排版

上圖是在GoodNotes上畫出的月、週記事手帳排版構圖。先畫出構圖的方便之處是，屆時我們能利用套索工具移動物件。請試著畫出大略構圖吧。

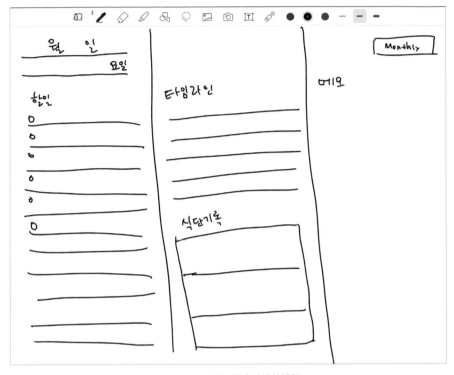

<圖3-28> 手繪日記事手帳的排版

上圖是日記事手帳排版。我按照三層級原則，編排了構成物件，分別加入待辦事項區、時間軸、飲食記錄和筆記區。我喜歡一早列出當天的工作任務，然後在時間軸上確定每個時段該做的任務。雖然我不擅長管理飲食，但還是心心念念著減肥，所以把飲食記錄也加入手帳中。另外，筆記區則是讓我寫上當天的點子或靈感發想的地方。

各位的手帳排版不一定要跟我一樣。手帳版面是最能體現個人生活風格的地方，偏好事先制定計畫的人，可按自己設定的目標，與每日要實踐的事項，

完成一天的任務。此外，各位也可以利用時間表，學習善用時間。如果您是教師，可以根據學校的第一堂課到第七堂課填寫時間表；如果您是減重人士，可以放入飲食管理表；如果您是考生，可以像寫讀書計畫般決定自己的學習進度；如果您想管理收支，可以加入零用錢欄。與其把手帳當成計畫本使用，把它視為記錄一天的日記，活用貼紙和照片，記錄當天心情會更好。

STEP 03　How

　　How意味著設計風格。設計風格也就是style。各位把它想成時尚風格，應該就能更好理解。根據時尚風格的不同，衣著打扮也會不同。假如說What是骨架與身材，那麼How就是衣服。從可愛風、都會風等百變的風格，請各位決定好手帳風格。

　　那麼構成手帳設計風格的物件有哪些呢？正是點、線、面、字體及顏色，更進一步還有圖片或圖形。各位必須以「形容詞」為基準，挑選對應的物件風格。

　　像是「可愛」、「幹練」、「都會風」、「冷酷」、「溫暖」或「整潔」等各種形容詞。如果您想製作「可愛又俐落」的模板，製作手帳時就根據這個標準去選色與選字體。關於設計風格部分的說明，我會以商業販售模板製作方法為主說明。

　　如果您製作的不是商業模板，那麼可按自己喜愛的風格，與自己的想法製作。我們這次要做的模板基準是「簡潔」風，是以我會用單色和最常見的字體進行製作。讓我們正式開始在Keynote上製作手帳模板吧。和前面製作習慣追蹤器重疊的部分，我不再重述。

手帳：
製作月記事內頁

DT GoodNote

在Keynote裡新增新幻燈片，然後用分割視窗模式，叫出佈局草稿，確認該畫什麼。接下來畫出表格。

<圖3-29> 開啟新幻燈片

開啟新幻燈片，打開幻燈片設置，更改幻燈片大小。

<圖3-30> 選擇幻燈片大小

請選擇4：3的幻燈片比例。

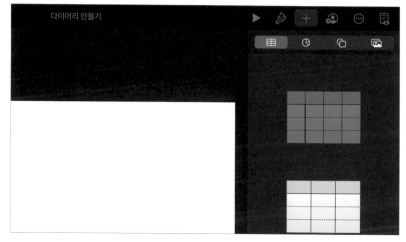

<圖3-31> 新增新幻燈片後，建立表格。

按手繪排版構圖，掌握表格欄列數後，點擊右上方的 [+] 選項建立表格。

點擊表格邊角會出現數字，選取數字後修改表格數字。因為我們要製作的是月記事手帳，在欄數方面，一週有七天，所以是七欄，加上週事項欄（weekly），總共八欄；而在列數方面，一個月有五週，加上標註星期幾的最上列，總共六列。

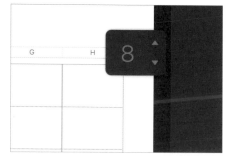

<圖3-32> 點擊邊角，修改表格欄列數

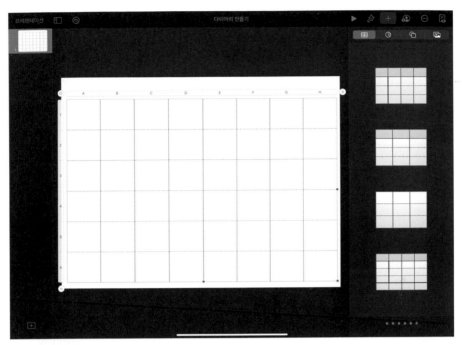

<圖3-33> 建立表格完成

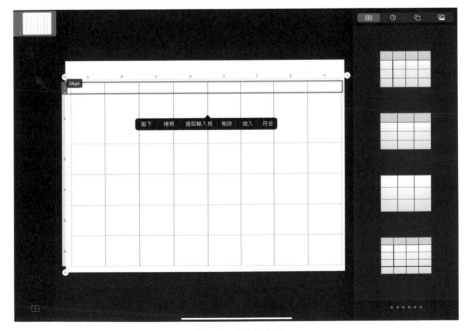

<圖3-34> 選取最上列

最上列用來標示項目類別或星期幾，所以我會把列寬調得比其他列窄。

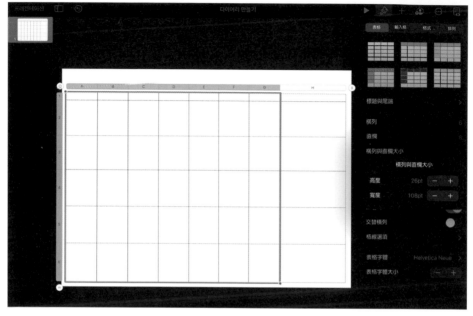

<圖3-35> 調整欄寬

點擊欄上方邊角就能調整欄寬。在調整欄寬的時候，請留意長度。點選表格後，再點擊右上方的筆狀選項，輸入欄列長度數值，便能維持一定間距。

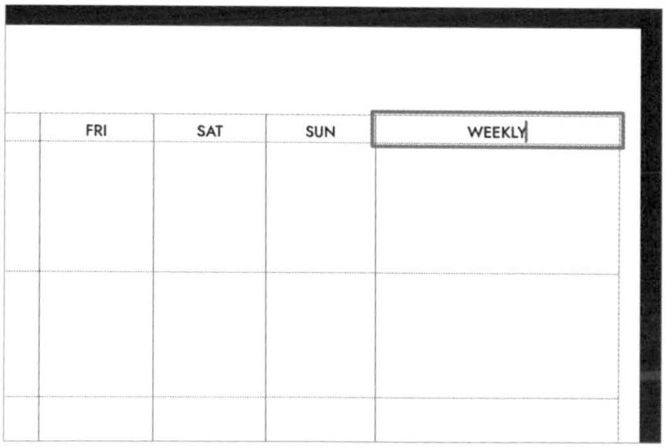

	FRI	SAT	SUN	WEEKLY

<圖3-36> 輸入文字

用Apple Pencil點選每一格可輸入星期幾與週事項欄。我先前提過，我個人推薦使用iPad的原生字體Futura。本書使用與其類似的Jost字體進行說明（Jost是可替代Futura使用的免費商業字體，在谷歌搜索Jost即可。(https://fonts.google.com/)

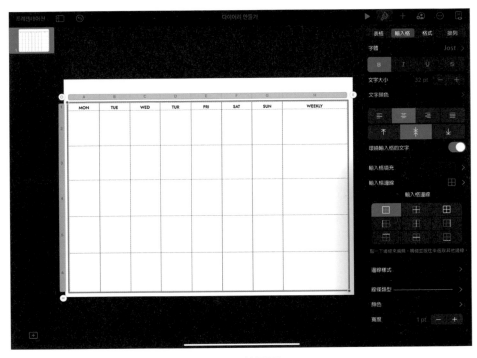

<圖3-37> 邊框顏色

選取表格，在右上方選擇筆狀選項，可確認表格顏色及線條樣式。選擇無邊線的樣式。

<図3-38> 改變字體和字體大小

　　點擊表格文字部分可選取文字，接著點擊右上方筆狀選項，改變字體，並且把字縮小到23pt左右。盡量不要讓框框裡看起來留白太多。各位可用相同的方法修改其他文字的字體與字體大小。

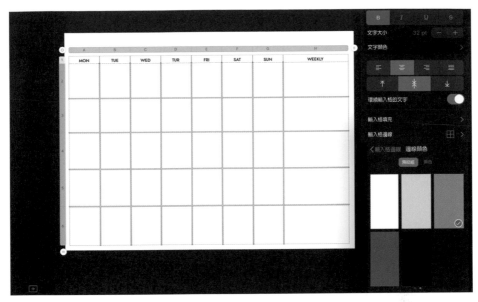

<図3-39> 改變表格顏色

調整表格的內框邊線樣式，調細到約0.75。

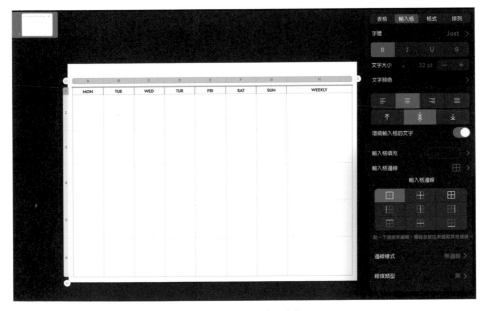

<図3-40> 選取最上列表格

選取寫有星期幾的最上列表格，選擇[無邊線]，只保留下方邊線。

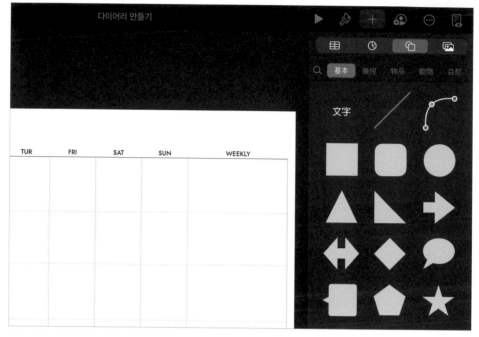

<圖3-41> 新增圖形

接下來，我要在月記事手帳內頁裡，畫一條填寫月分的線。選取右上方[+]選項，進入圖形工具欄，選取畫線工具即可畫線。

我現在正在製作的手帳是使用者能在GoodNotes上，自填日期的無時效手帳模板。如果手帳創作者先行填入日期，使用者就一定得在當月分使用，所以我會空出日期格，讓使用者自填。

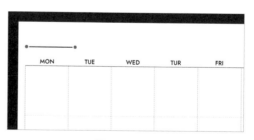

<圖3-42> 新增線條

在左上方移動畫線，畫出供填寫月分的地方。

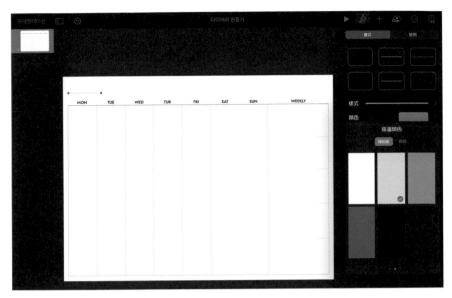

<圖3-43> 月記事手帳內頁

　　月記事手帳內頁差不多完成了，接下來我要裝飾右側的週事項欄。我會在週事項欄裡畫線。雖説畫線有助於填寫待辦事項，不過我在這裡畫線的主要目的，是為了跟左側的月記事區作區分。

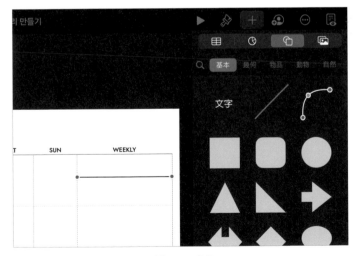

<圖3-44> 畫線

選取右上方 [+] 選項，進入圖形工具欄，接著新增線條。

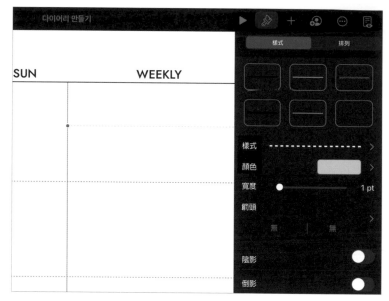

<圖3-45> 畫虛線

　　然後選取右上方筆狀選項，調整線條樣式和不透明度。由於是在現有的表格裡新增線條，所以層級較現有的線條低，我會選比現有線條更不顯眼的樣式。

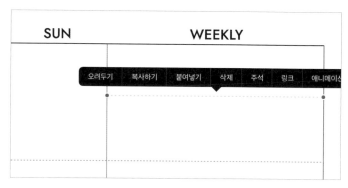

<圖3-46> 複製線

用Apple Pencil點擊線條，會出現對話方塊，選取[複製]選項，然後滑鼠單擊下方，會再次出現對話方塊，選取[黏貼]選項，在週事項欄裡畫線。

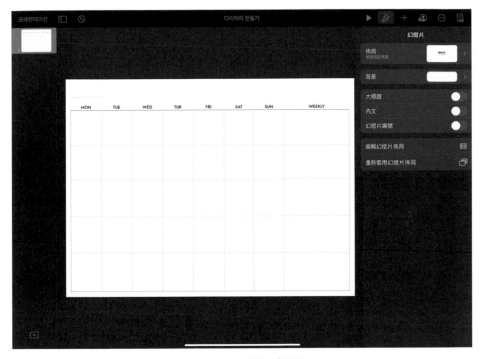

<圖3-47> 月記事與週事項欄

兼備月記事與週記事功用的月記事內頁完成。

手帳：
製作日記事內頁

CHAPTER
03

DT GoodNote

下面我要利用「幻燈片主版」（Master Page）功能，製作日記事手帳內頁。

什麼是幻燈片主版？

幻燈片主版主要用於製造共同應用部分，目的在於維持文件整體一致性。在製作手帳的時候，善用幻燈片主版能減少很多麻煩。舉例來說，在製作手帳內頁的時候，幻燈片主版能一次處理不需改變的共同區塊。假設一個月有31天，只需要在幻燈片主版上創造，就能套用到所有有31天的月分。

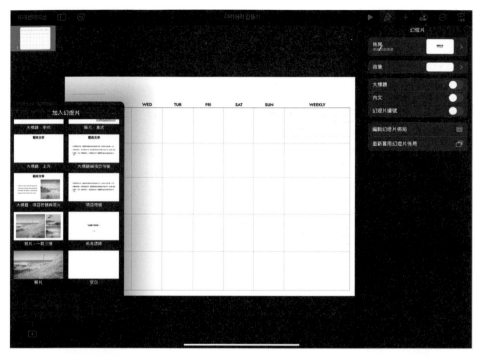

<図3-48> 新增幻燈片

選取左下方增加幻燈片選項，選擇空白幻燈片。

<図3-49> 進入編輯幻燈片主版模式

在Apple Pencil點擊幻燈片後出現的對話方塊上，點擊[幻燈片主版]，
進入幻燈片主版模式。

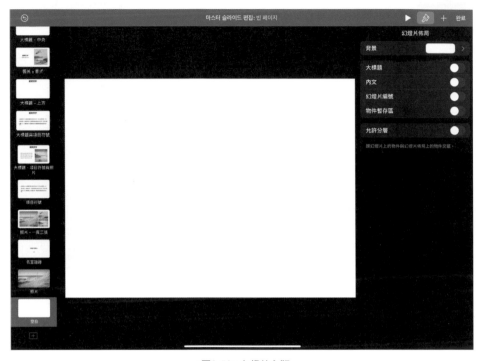

<圖3-50> 幻燈片主版

進入編輯幻燈片主版模式時，最上方的藍色可區分是否為普通幻燈片編
輯模式。我會在幻燈片主版模式下製作日記事手帳，如此一來，日後修改幻燈
片能一次套用到多個幻燈片上。在幻燈片主版模式下作業，跟直接複製幻燈片
後，在複製的幻燈片上作業的差異是，後者修改幻燈片的時候，我必須一張張
修改，但是在幻燈片主版模式下作業，我只需要修改幻燈片主版就能一次套用
到其他幻燈片上。

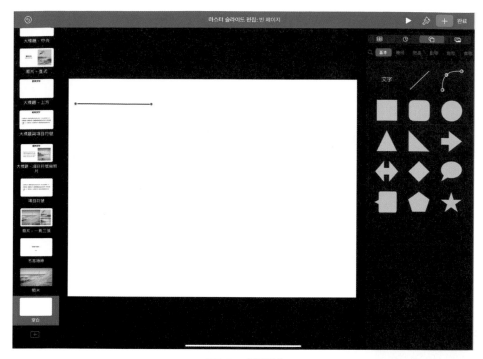

<図3-51> 新增線條

我先畫出日記事手帳填寫日期的欄位，選取右上方 [+] 選項，新增線條。

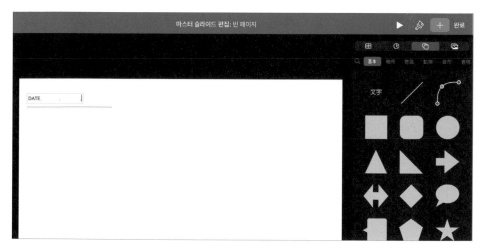

<圖3-52> 新增文字框

右上方的 [+] 選項能新增任何圖形或文字框，而筆狀選項可增添裝飾風格的物件，也就是說，我們能在這裡改變顏色、粗細或字體等等。我在先前畫出的線上新增一個文字框，並且輸入「Date…」。之後把這個檔案輸出到GoodNotes時，我就能在這裡寫上日期，作為日記事手帳之用。按各位的意思，可以寫__月__日，也可以寫D-day。

<圖3-53> 新增線條

　　和先前的方式一樣，我再次添加新文字框和線條，建立待辦事項清單（To do list）。各位用Apple Pencil點選文字框，即可拖曳、移動（在點擊不放的狀態下動作）。線條要有強弱之分，主要線條用100％深的線條，記住得把待辦事項清單線條的不透明度改為33％。後者線條比前者線條的層級要更低，要更弱才行。

　　線條應講究強弱。就像我們聽歌會有高潮，也有平靜的緩拍等強弱之分。

設計表格的時候跟畫線的時候都是一樣的，有時需要強線條，有時需要弱線條。強線條用於標示主題，弱線條則用於內文。假如製作手帳者不分強弱地使用線條，會無法區別線條性質，更會因為每條線都是強線條，導致閱讀手帳的人無法把手帳內容看進眼裡。

再者，如果在GoodNotes上用黑筆寫筆記，而邊線也用一樣的黑色，會讓人分不清筆記內容與線條顏色。為了突顯筆記內容，使用淺色線條會比較好。

<圖3-54> 排列線條

用Apple Pencil選取線條，會跳出對話方塊，點擊[複製]選項之後，再點一下對話方塊之外的部分，對話方塊就會消失。然後，再用Apple Pencil點擊就能不斷地[貼上]線條。由於待辦事項清單需要很多一樣的線條，我會不斷地[貼上]線條。

<圖3-55> 新增圓形

接下來，我要畫一個圓形，作為確認待辦事項之用。我之所以畫圓形，是為了在GoodNotes上方便用圓形的螢光筆塗色。選取右上方 [+] 選項，新增圖形。

<圖3-56> 新增圖形

在選擇圖形的狀態下，點擊筆狀選項就會出現圖形樣式欄。我選擇 [無填充] 選項，消除內建的藍色填充色，並且將圖形不透明度調為40％。拖曳圍繞著圓形的方框（用Apple Pencil點擊後拖曳）就能調整圖形大小。

<圖3-57> 調整大小

<圖3-58> 移動圖形位置

把縮小的圓形圖形放入待辦清單列表。Keynote內建對齊參考線會自動對準圓形中心。對齊參考線有助於圖形置中。執行 [貼上] 指令可不斷地增加相同圖形。

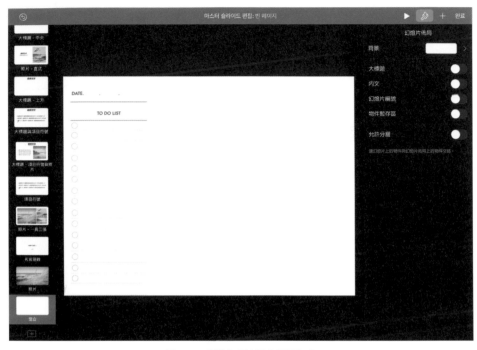

<圖3-59> 待辦事項清單確認框完成。

以上是待辦事項清單確認框完成的模樣。

<圖3-60> 輸入標題

複製、黏貼先前建立的文字框，並填入新的標題。字體大小、樣式已經設好，用不著重設，維持現有樣式較好。

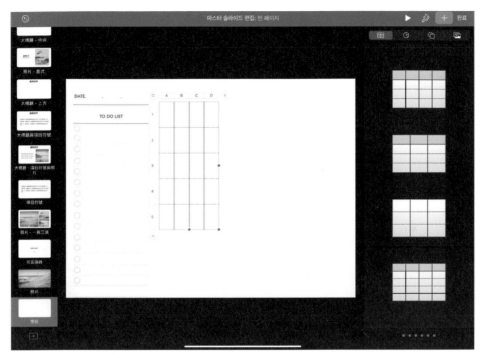

<圖3-61> 建立時間表

接下來我要畫時間表。選取新增表格選項後，新增一個標示出間隔十分鐘，並且有二十四小時的表格。表格樣式可按使用者需求調整，各位可按自己的起床與上班時間等的生活方式，量身打造。間隔十分鐘、三十分鐘或一小時都可以。

點擊新建表格邊角藍點進行拖放、拉伸或縮小表格。上圖是點擊藍點，拉長表格的樣子。點擊右上方筆狀選項，在表格上設定[表格樣式]。

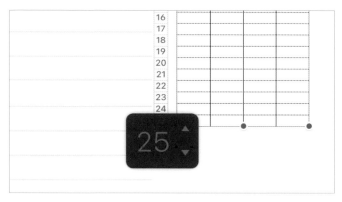

<図3-62> 設定樣式

　　這個時間表包含了一天二十四小時，而且是間隔十分鐘的時間表，所以我把列數設為二十五列。

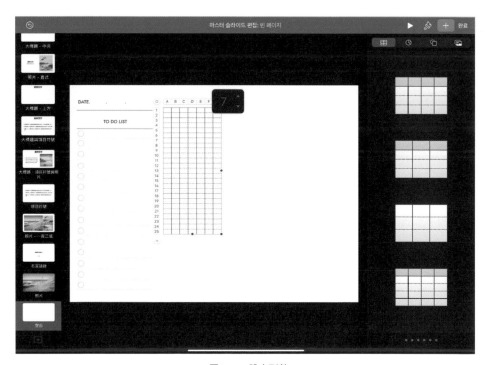

<図3-63> 設定列數

一欄是十分鐘，一小時為六十分鐘，所以有六欄，再加上時間標示欄，總共七欄。

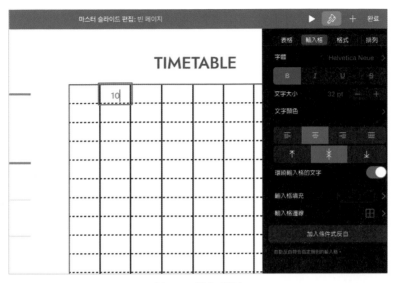

<圖3-64> 設定時間表

用Apple Pencil點擊表格內格可輸入文字，我要輸入十分鐘、二十分鐘、三十分鐘……。我先輸入十分鐘，再點擊右上方筆狀選項，確定文字樣式，設好文字的字體和大小，之後我只需要複製樣式跟修改文字即可。

<圖3-65> 設定時間表的時間

因為我先一步複製了文字樣式，所以現在只需要修改文字。

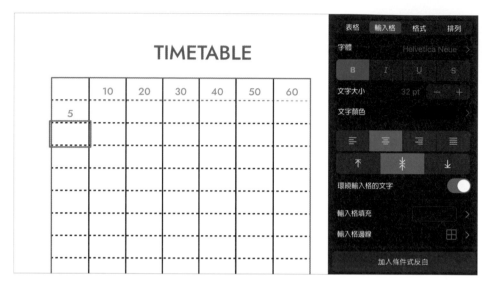

<圖3-66> 貼上時間表文字框

用同樣的方式，將直向的二十四小時欄位「貼上」填滿。

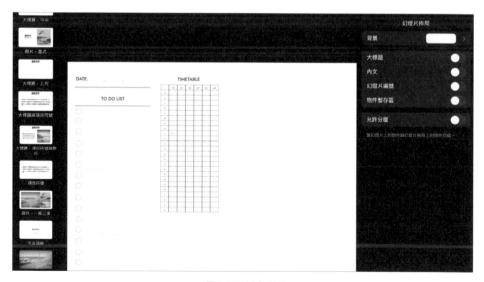

<圖3-67> 貼上欄位

這樣就完成了二十四小時的十分鐘時間表。

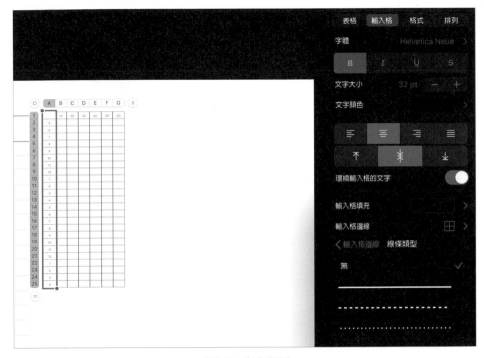

<圖3-68> 完成時間表

在這裡，我要稍微調整設計，刪去二十四小時時間欄相應區域的框線，讓視線能聚焦在十分鐘間隔部分。

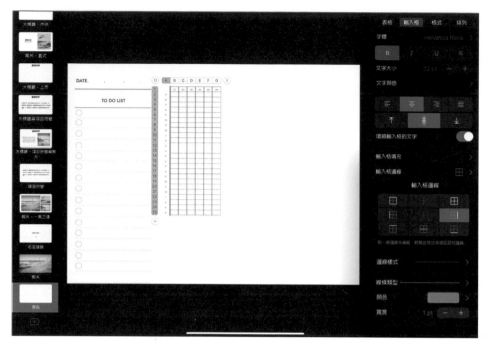

<图3-69> 消除表格邊線

在選取直線後，點擊右上方筆狀選項，點選[無]的線條類型，刪除線條。

使用 TIP

如果想在Keynote裡同時選取多個儲存格？

要是無法選取一整條直線，那麼只要在選取一個儲存格的狀態下，左手按住鍵盤上的Shift鍵，右手用Apple Pencil點選另一個儲存格，就能同時選取多個儲存格，只不過要有鍵盤才能這麼做，沒有鍵盤時，只能一一貼上。

<圖3-70> 文字框靠右對齊

　　讓文字靠右對齊，看起來像是群組一樣。因為我先前消除了所有邊線，為了填上右側邊線，我會在[邊線]裡選取僅有右側邊線的[線條類型]。

　　在完成之後，我發現時間表過於密集，這時候，我會用Apple Pencil點擊表格右下角欄點，拖拉，調整表格大小。

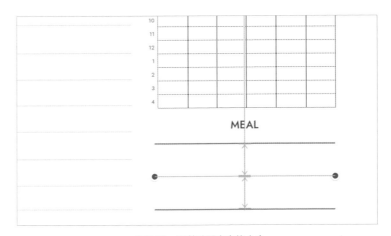

<圖3-71> 調整時間表表格大小

下面我們製作一個能簡單填寫飲食記錄的欄目。把填入待辦事項清單的文字框複製後貼上，我只需要修改文字框中的文字，改為「Meal」或「飲食記錄」。同樣地，我把先前畫好的線複製、貼上，就能維持現有的線條粗細與顏色。在調整線條或文字框位置的時候，Keynote會自動顯示對齊參考線，對準對齊參考線中心，我在這裡分別填入早餐、午餐、晚餐、零食的英文縮寫B、L、D及S。

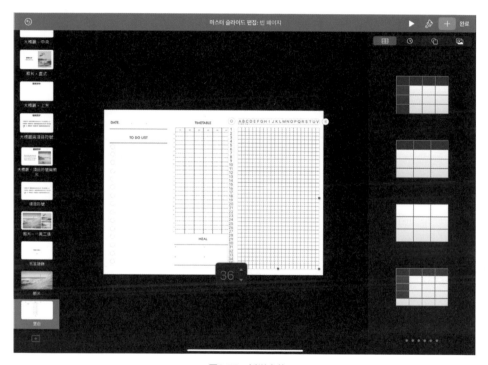

<圖3-72> 新增表格

　　然後，我在旁邊的備忘欄（MEMO）也增加一些表格。我要全做成方形表格，所以我會點擊兩側邊角，讓儲存格呈現方格狀。

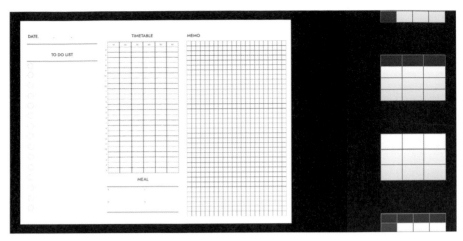

<图3-73> 新增表格

我把表格稍微拉長之後，方形儲存格大抵成形。

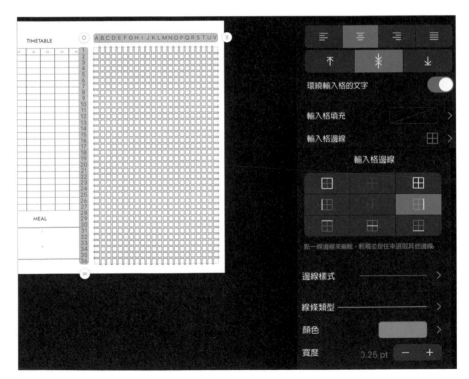

<图3-74> 方格完成

接下來，我點選右上方筆狀選項，用淺色填充邊線，並且將線條調細到0.25pt。

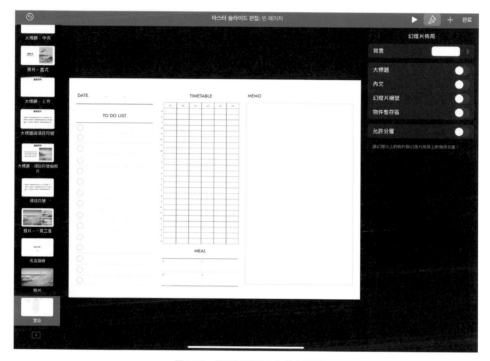

<圖3-75> 修改邊線顏色和線條粗細

像這樣，就完成了方格備忘欄。

DT GoodNote

接下來，讓我們看看怎麼在Keynote中插入超連結。

所謂的超連結是？

在檔案的特定位址處內嵌超連結，可連結到某個網址。製作手帳時，在可設置超連結的應用程式中插入超連結，待匯出到GoodNotes時，只要點擊相對位置就能訪問想去的網址，相當有用。除了能連結網址之外，超連結也能連結到想去的YouTube影片位址或網站位址。本書中的超連結功能主要用在連接到相對應的手帳內頁。

<圖3-76> 在日記事內頁建立超連結圖示

　　開啟日記事頁面，在這裡製作連結到月記事的超連結圖示。在點選圖示的狀態下，點擊右上方筆狀選項，修改樣式。在填充部分用想要的顏色，我要用白色在按鍵上寫上「Monthly」。

　　接著，點擊右上方的 [+] 選項產生文字框，在超連結圖示上輸入文字，並且調整超連結圖示大小，使其能圍住文字。

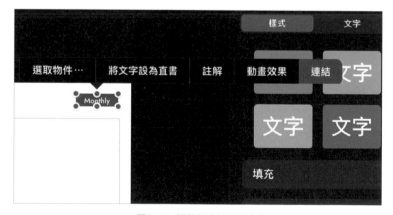

<圖3-77> 調整超連結圖示大小

接著我要插入超連結，點擊圖示後，在彈出的對話方塊中點擊[連結]選項。

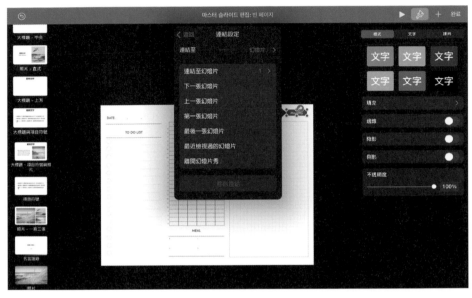

<圖3-78> 加入超連結

基準值（Default）會連結至下一張幻燈片，我們也可以選擇[下一張幻燈片]，自行決定要連結到哪一張幻燈片。

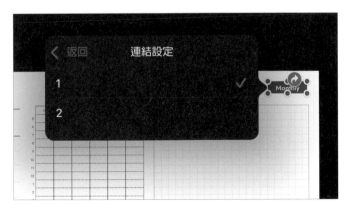

<圖3-79> 連結設定

請各位先確認月記事是第一頁幻燈片。

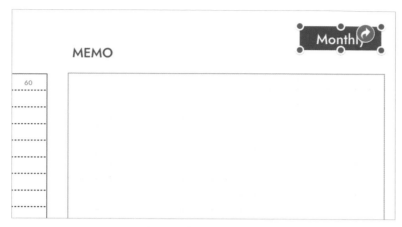

<圖3-80> 檢查是不是第一頁

在建立好超連結圖示之後，會出現一個藍色箭頭，之後匯出到GoodNotes時，再確認有沒有建立好超連結。

<圖3-81> 按下完成按鍵，則日記事頁面完成。

按下右上角 [完成] 選項就能退出幻燈片主版。截至目前為止,我已完成了日記事頁面。在退出幻燈片主版後,我要動手做一個月分的日記事內頁。點擊左下角 [+] 選項,以生成新的幻燈片。

我建立新幻燈片的時候,會選擇過去使用的幻燈片主版日記事頁面。一個禮拜有七天,一個月有五週,所以我要製作三十五天份的日記事內頁。

<圖3-82> 生成新幻燈片

注意事項 TIP

複製幻燈片主版跟複製幻燈片增加頁面的差異

碰到要修改幻燈片的情況,在幻燈片主版修改之後能一次全部套用到其他幻燈片,但假如先前是直接複製幻燈片,則每次修改幻燈片都得一一複製、黏貼到其他幻燈片上,非常麻煩。由於製作手帳的時候會有很多重複的頁面設計,所以最好使用幻燈片主版功能。

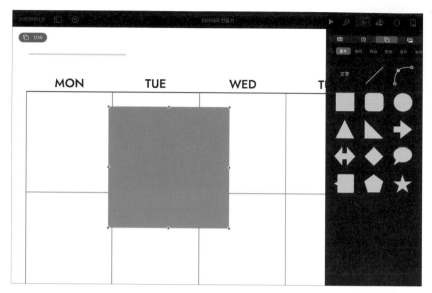

<圖3-83> 開啟連接月記事和日記事的超連結

接下來，我要製作建立月記事和日記事的超連結路徑，點擊右上角 [+]，以製作超連結圖示。

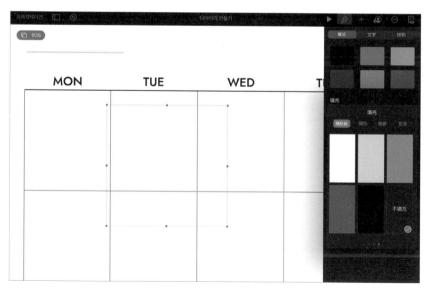

<圖3-84> 設定日期欄

我打算在GoodNotes手帳的月記事頁面，製作使用者填寫日期的地方。首先，點擊超連結圖示的藍點，將圖示調整到能填寫日期的大小。在選擇圖示的狀態下點擊筆狀選項，選[填充]以填充顏色。

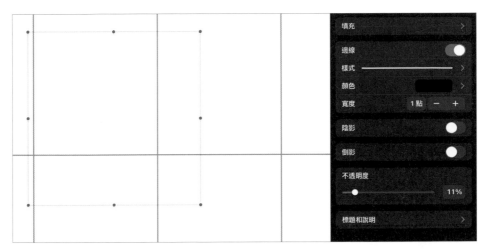

<圖3-85> 調整不透明度

我調低了不透明度。因為使用者會使用Apple Pencil寫GoodNotes手帳日期，因此日期比手帳內容更明顯的話，會更好。透明度要調得能讓使用者能看得清楚。

<圖3-86> 複製與黏貼圖示

複製圖示後黏貼到剩下的月記事格中。

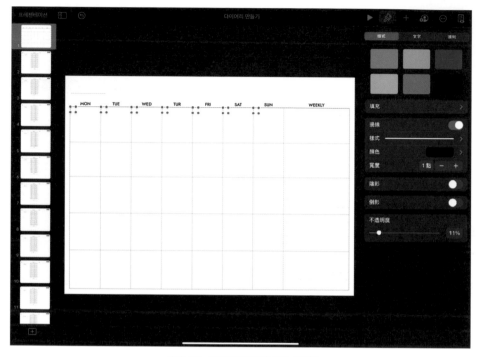

<figure><圖3-87> 將排列好的圖示組成群組</figure>

　　為了減少複製貼上的麻煩，我先完成一個禮拜的量後，一次全選排好的圖示，組成群組，這樣才能一次性複製貼上群組。

> **TIP** 全部選取圖示組成群組的方法是，用Apple Pencil點擊圖示，左手按鍵盤Shift鍵，再點擊其他圖示。

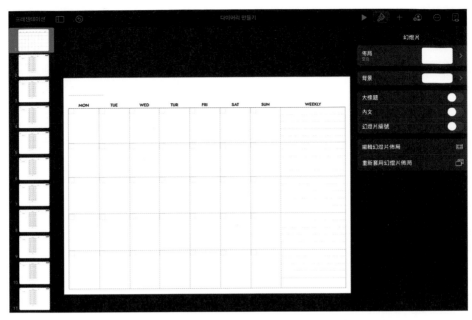

<図3-88> 將一週的量組成群組

將一週的分量組成一個群組，複製黏貼。

<図3-89> 放上從GoodNotes月記事頁面連結到日記事頁面的超連結

在GoodNotes打開月記事頁面，填入日期。我要插入超連結，讓使用者點擊日期格的時候，能連結到相應的日記事頁面。日記事頁面的範圍從第二頁到第三十六頁。點擊圖示，在彈出的對話方塊中選擇[連結]選項。

<圖3-90> 替每個圖形建立超連結

我會依序在月記事建立第二頁、第三頁、第四頁⋯⋯的超連結路徑。有時候建立超連結，我會搞混到底哪些圖示建立好了超連結，那時候我個人會用Apple Pencil標記臨時數字，等我建立完超連結之後再刪除數字。

<圖3-91> Apple Pencil設定-啟用

　　點擊右上方的[…]選項，進入[更多]選項，各位會看見Apple Pencil的設定。請關閉[選取和捲動]選項，Apple Pencil的識別圖形功能就不會被啟動，而是處於單純地寫筆記狀態。

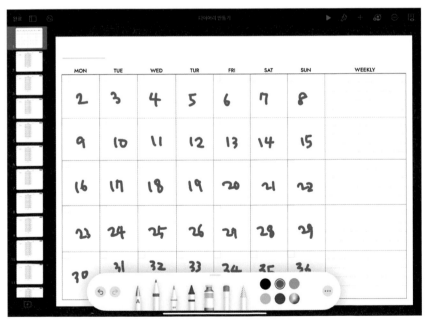

<圖3-92> 標記臨時數字

先在建立超連結的頁面先標記數字，再插入超連結。

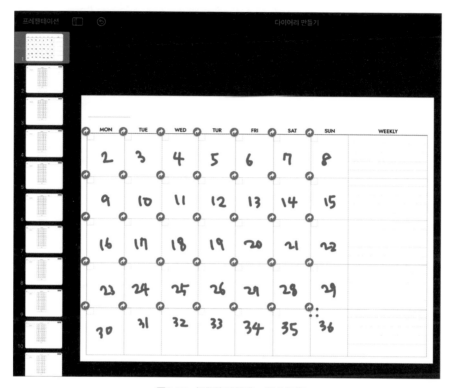

<圖3-93> 標記臨時數字，避免混淆

　　邊看著標記出的臨時數字，邊建立圖示超連結路徑，就能避免混淆。我也在日期填寫部分建立好了超連結。

TIP　**無趣的建立超連結路徑**

建立超連結路徑似乎別無捷徑。一旦開始這項作業，無異於進入工廠生產線。與其一次把一年十二個月的分量建立完，一次建立一個月會比較輕鬆。我自己在建立超連結路徑的時候也花了很長的時間，但建立一次超連結能用上一年。還有，只要製作好一個模板檔，日後就能直接複製到幻燈片主版編輯，衍生出其他用途或設計風格的手帳。

<图3-94> Apple Pencil設定-關閉

重新設定Apple Pencil，關閉[選取和捲動]選項。

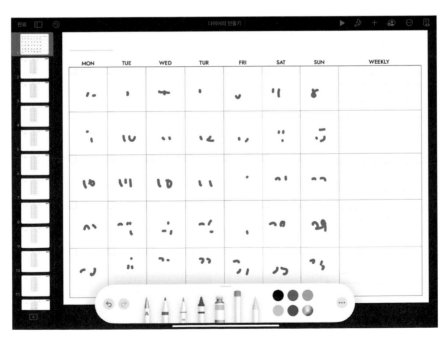

<图3-95> 用橡皮擦擦拭臨時標記數字

用橡皮擦擦掉先前臨時標記的日期數字。

<図3-96> 切換Apple Pencil模式

在右上方的 [⋯] [更多] 選項中，選擇Apple Pencil設定，開啟滾動模式。當前模式和筆記模式得切換使用才行。當我們寫上或擦去臨時標記數字的時候，得關閉選取和捲動模式；相反地，當我們在繪製圖形的時候，為了讓Apple Pencil發揮滑鼠能選擇物件的功效，得啟用選取和捲動模式。

現在我要把檔案輸出到GoodNotes。選取右上方的 [⋯] 選項，進入 [更多] 選項，點選 [輸出]，輸出為PDF檔。

<図3-97> 輸出PDF檔

我在GoodNotes打開剛才輸出的檔案。

<圖3-98> 用GoodNotes叫出檔案

請各位在GoodNotes上確認先前建立的超連結路徑。在確認的過程中，如果發現有使用不便之處，可以馬上返回Keynote著手修正。

<圖3-99> 在GoodNotes上用[更多]尋找

如果在GoodNotes上找不到[複製]選項，請點擊[更多]選項，在那裡尋找。

在製作手帳超連結時，必須確認是否每一條超連結路徑是不是都能順利連往相對應的頁面。換句話説，在使用超連結路徑移動的過程中，要確認每一調超連結沒有失效。而當使用者順利移動到相對應頁面時，該頁面要清楚指示使用者的下一步行動。我們製作的手帳是無時效手帳，只要使用者在GoodNotes裡自行填寫手帳日期，能套用到下個月、下下個月。使用者填寫全部日期後，可利用套索工具，一口氣將週日與公定假日改為紅色。另外，使用套索工具時，得先確定是否有啟用了[手寫]模式，以識別筆記。

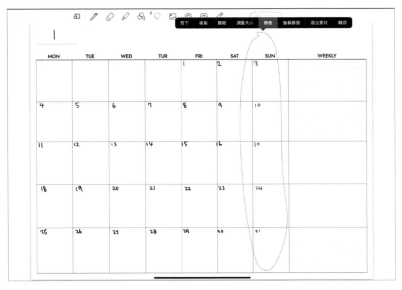

<圖3-100> 一口氣把手帳日期改成紅色

我用套索工具選取週日與公定假日，彈出了工具列對話方塊，選取[顏色]選項，改變被選中的週日和公定假日的顏色。

GoodNotes分為閱讀模式和書寫模式，點擊右上方的筆狀選項切換成閱讀模式的時候，才能啟用超連結。反之，處於書寫模式的時候，將無法啟用超連結。在書寫模式下，點擊超連結區域，會彈出[開啟連結]的對話方塊，點擊該對話方塊移動到相對應的超連結頁面。比方說，使用者可通過1月1號的超連結路徑，移動到相對應的1月1日日記事頁面，寫當天的手帳。

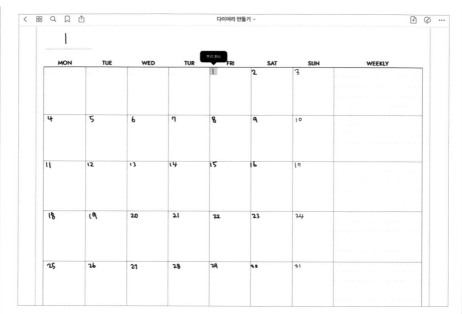

<図3-101> 用套索工具改變日期顏色

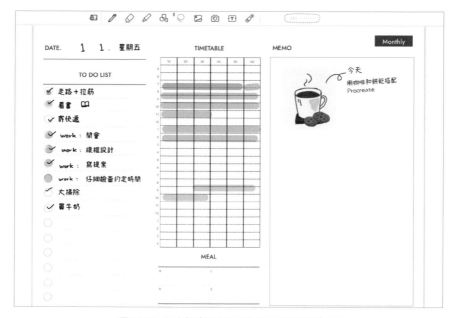

<図3-102> 經由超連結路徑前往1月1號的日記事頁面

上面是日記事頁面的使用範例。先列出待辦事項清單，再用螢光筆在該事項前塗色，
然後在時間表上擬定做該事項的相應時間，用相應的螢光筆塗色，最後在備忘欄裡附
上今日畫的圖片，寫下內容。

用重點色增添設計感

CHAPTER

05

DT GoodNote

　　基本款手帳製作完成，接下來我要進一步替手帳上色。我會在構成設計風格的物件上，如點、線條等，決定好一個重點色，再從該重點色的同色系顏色中，調整深淺色的透明度，色彩互搭。為了把日記事頁面上色，首先，我要進入幻燈片主版進行修改。

　　我要調整<圖3-103>的備忘欄顏色。選取筆狀圖示，從輸入格中選擇想填充的顏色。我選深綠色系，這會是我的重點色，搭配同色系的深、淺色，而背景色會是淺色。

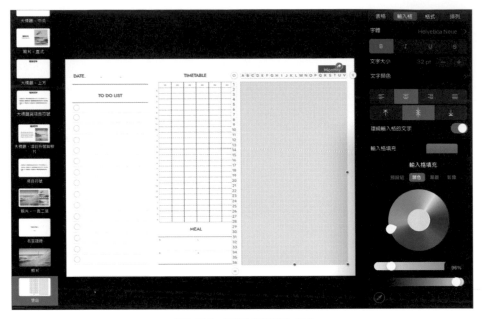

<图3-103> 幻燈片主版編輯（1）

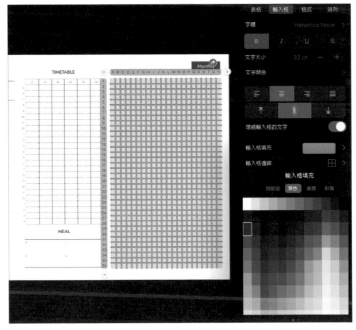

<图3-104> 幻燈片主版編輯（2）

我選比背景色更深的顏色，作為網格格線顏色。

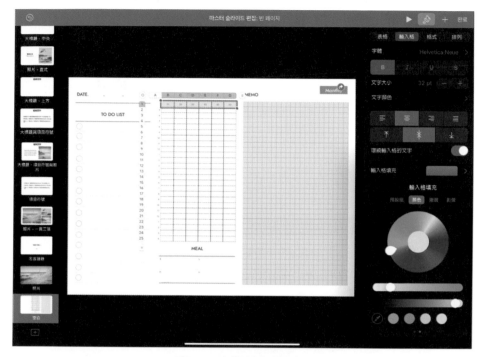

<圖3-105> 幻燈片主版編輯（3）

在修改時間表頂端和時間方面，我要填充標題列的背景色。按下Shift鍵，單擊滑鼠就能選取時間表頂端列。在頂端列被選取的狀態下，點擊筆狀選項，選取[輸入格填充]選項後塗上背景色，再把內部文字顏色換成白色。

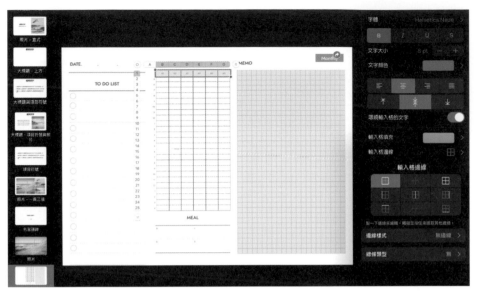

<図3-106> 幻燈片主版編輯（4）

選取邊框，把輸入格邊線樣式調整為〔無邊框〕跟〔無邊線〕。

<図3-107> 幻燈片主版編輯（5）

我把表格格線也塗上顏色，用的是不刺眼的低色度色彩。

<图3-108> 幻燈片主版編輯（6）

改變文字顏色。一次選取全部文字框的方法是，先點擊一個物件之後，在鍵盤按下Shift鍵，再選取另一個物件，接著點擊筆狀選項，在文字顏色部分設定深色色彩。

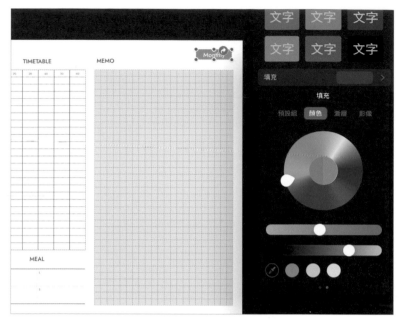

<図3-109> 幻燈片主版編輯（7）

我一併調整了超連結圖示的顏色。

<図3-110> 幻燈片主版編輯（8）

在編輯完幻燈片主版後，點擊右上方[完成]選項，返回。各位會發現先前利用幻燈片主版製作的所有日記事頁面都會變成相同的顏色。

請各位用自己喜歡的顏色設計出專屬的手帳風格吧。不同粗細的線條能營造不同的感覺。用直線或虛線，填色或不填色，填亮色或暗色，都會有不同的感覺。依循強弱標準去找出適合的感覺，要先考慮每一個元素想賦予的強、弱與亮點，還有想創造何種手帳風格。另外，標題與內容應作出區分，賦予標題強烈的風格。

5-1 下載 ▶

各位可以藉由QR Code，下載用上述方法製作好的，附有超連結的一年份無時效手帳。

<圖3-111> 月記事頁面

這是月記事頁面。十二個月有十二頁，用右方一到十二月的索引頁可移動到相應頁面。

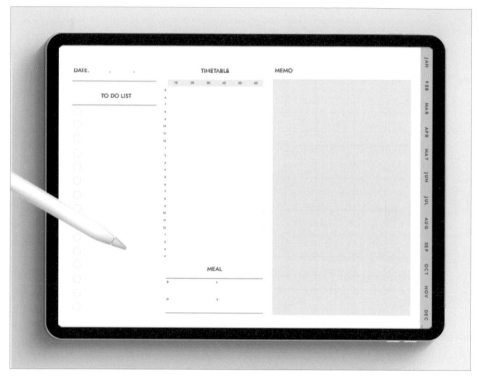

<圖3-112> 日記事頁面

<圖3-113> 下載八種Keynote手帳模板和手帳裝飾貼紙

製作成為富翁的家計簿

CHAPTER

06

DT GoodNote

　　既然我們製作過時間管理手帳，把「時間」的概念換成「金錢」就能輕鬆理解家計簿的製作概念。在製作時間管理手帳的時候，分成「給自己的時間」和「我需要花的時間」兩種，關鍵在於如何有效管理。

　　需要有效管理的不僅有時間手帳，家計簿也需要管理，只不過家計簿需要管理的「What」是「金錢」，而不是「時間」。同理，如果是減肥手帳，需要管理的「What」就是「卡路里」。各位可根據自身情況制定管理人生各領域的手帳。

　　我希望各位在製作家計簿的同時，也能把概念應用到其他生活中，製作出不同樣式的手帳。金錢和時間是一樣的，我們一個月能擁有的錢跟時間一樣是有限的，而且兩者都是肉眼看不見的東西。家計簿的最大功用在於視覺化金錢的累積和消失，減少金錢流失，幫助使用者遵守消費預算。儘管市面上有許多家計簿應用程式，不過我之所以建議各位手寫家計簿，是因為手寫家計簿有助檢視開支，按照自己生活模式與支出類型，制定支出計畫。接下來，我們要用iPad製作符合各自生活模式的家計簿。

6-1 掌握家計簿的構成物件 ▶

| 掌握固定支出和我的消費模式 |

　　固定支出指的是只要呼吸就會流失的錢。變動支出就是固定收入扣除固定支出的餘額。在變動支出的範圍內進行儲蓄和消費，控制消費。首先我要做的是掌握我的支出模式。

　　　　　　總收入-儲蓄&投資-負債-固定支出-緊急備用金=消費支出

　　為了製作一目了然的一個月總收支項目，我先進行繪圖。

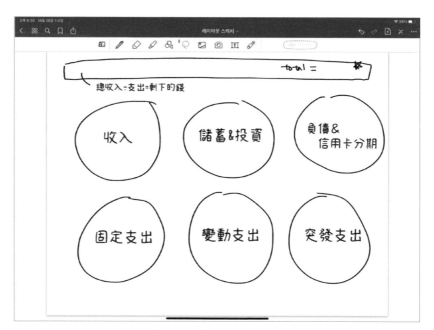

<圖3-114> 繪出收入與支出項目

一眼就能大略看清一個月的金錢流向與支出分類。

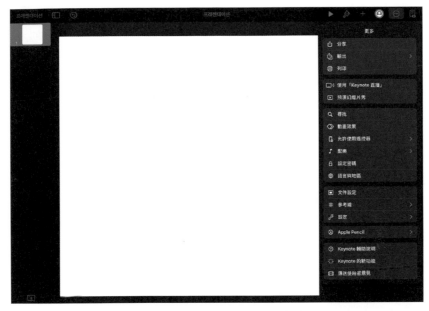

<圖3-115> 在Keynote上建立新幻燈片

在Keynote上開啟新幻燈片，點擊[…]選項，進入文件設定，更改幻燈片大小。

<圖3-116> 選擇幻燈片比例

設置為4：3比例的幻燈片，進行繪圖。

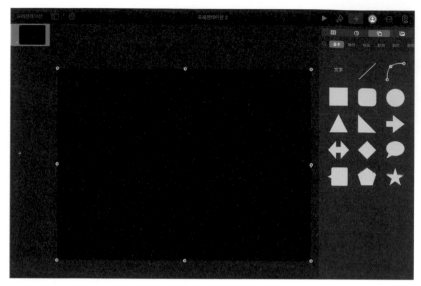

<图3-117> 生成圖形

點擊右上方 [+] 選項，生成方形圖示，放大到覆蓋整個版面。

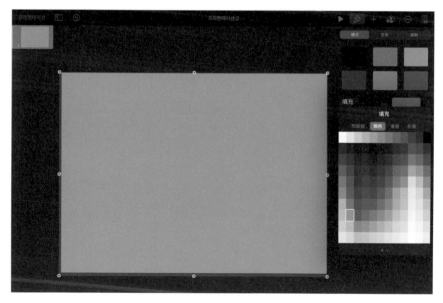

<图3-118> 設定背景色

點擊筆狀選項，以填充顏色。因為彩度越高越突出，彩度越低越低調，所以填充顏色的時候不要選彩度太高的顏色，才不致於太醒目。

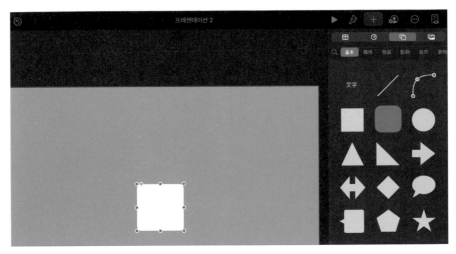

<圖3-119> 製作背景版面上的物件

我要在背景版面上製作一個類別項目。

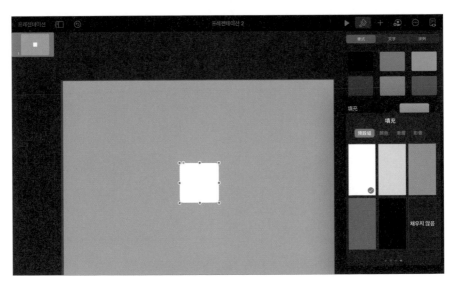

<圖3-120> 製作背景版面上的物件（2）

在選取圖形的狀態下，點選筆狀圖示，選擇白色背景效果。

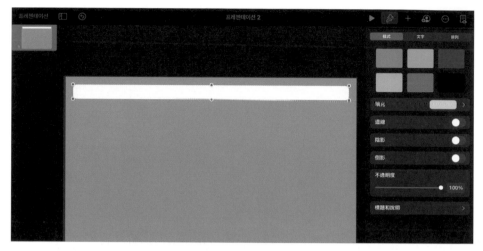

<圖3-121> 填充物件

選擇稜角方形，拖曳藍點以調整大小。

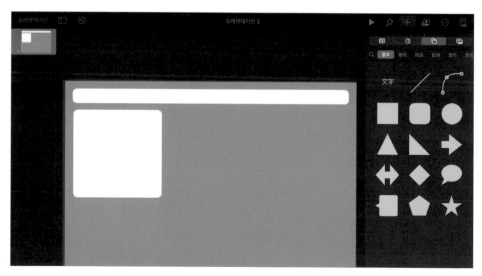

<圖3-122> 製造圓角矩形

用同樣的方法生成圓角矩形，並填充白色背景色。

<圖3-123> 填充白色背景色

點擊右上方 [+] 選項，在圖示中生成文字框，輸入各類標題文字。

<圖3-124> 在圓角矩形中畫線

選取右上角 [+] 選項，在圖形上畫線。線條顏色設成跟背景色相同的顏色，這樣子做，是因為就算我們畫線畫不準，超出類別項目也看不出來。然後複製、貼上線條。

點擊線條，在選取線條的狀態下，點選筆狀選項，修改線條樣式。我要畫出比主題層級低的線，所以選用比現有線條更弱的點狀線。

<圖3-125> 修改線條樣式

複製、貼上這條線。

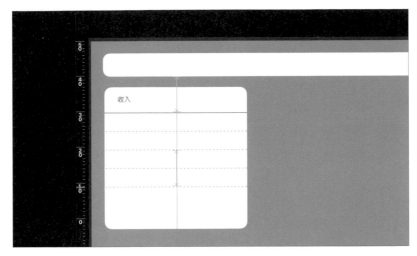

<図3-126> 畫線

在拉長貼上的線條的時候，Keynote會自動出現維持相同間距的輔助線。
請各位留意輔助線，維持一定的間隔。

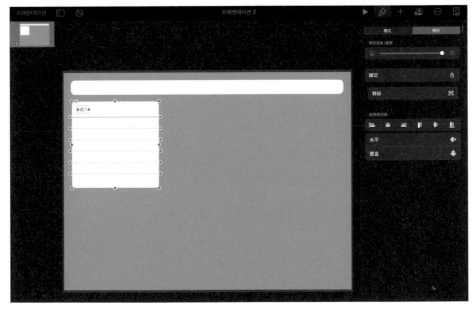

<図3-127> 對準線條間距

我完成了一項類別項目，之後我只需要複製、貼上這項類別項目，就能創造其他類別項目。為了複製它，我得用左手按住鍵盤Shift鍵，先選取一個物件，接著再點擊其他物件，就能一次選取多個物件。

在選取多個物件的狀態下建立群組。點擊筆狀選項，進入排序的標籤，接著點擊[群組]，那麼被選取的物件就會綑綁成一個群組。物件群組化的好處是，複製的時候不用一一選取物件，只要點擊群組就可以識別所有的物件。

在排序方面，我要特別說明圖層概念。請各位仔細看[移至最後／最前]選項，可以看到一一堆疊的物件。這種概念叫做圖層，想成是透明的玻璃窗層層疊起，就能輕鬆理解。假如我們選取了某個物件，但該物件位於另一個物件下方，從排序標籤中的[移至最後／最前]選項，可以調整物件順序，把該物件挪到上方。

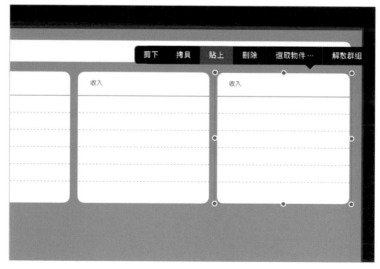

<圖3-128> 複製群組

複製、貼上群組。

<図3-129> 設定類別項目

用Apple Pencil點擊文字框可改變文字內容，改為相應內容。我點擊了上方的文字框，並輸入文字，最上方是我用來記錄總收入與總支出類別的。

像這樣，我分出了收入、儲蓄、投資、負債、固定支出、變動支出和突發支出。接著，我要填入固定總收入、儲蓄金額，跟固定支出金額。固定支出金額就是在我呼吸之間就會支出的錢，剩下的錢，我會填入變動支出和突發支出。詳盡填寫家計簿，我才能把消費控制在預算中，避免亂花錢。另外，突發支出想成是緊急備用金就行了，主要用於意想不到的紅白喜事等支出。

碰到當月變動支出有剩，我會把錢存入緊急備用金；假如當月緊急備用金有剩，我會把錢存入下個月的儲蓄。此外，假如零用錢不夠用，我就會挪用緊急備用金。這是為什麼我們得事先作好財政設計。

(總收入	-投資&投資	-負債&分期	-固定支出	) = (變動支出	+突發支出)

收入	儲蓄&投資	負債&信用卡分期
月薪 2500000	儲蓄 100000	相機分期（13／24）200000
副業打工 300000	住宅儲蓄 20000	傳貰房租借款利息 340000

固定支出	變動支出（零用錢）	突發支出（緊急備用金）
交通費 220000	想買的東西	婚儀
Netflix & Cloud訂閱 16000		禮金
手機月租費 80000		

<圖3-130> 項目別與分類

　　這是我在GoodNotes裡使用過的模板，我用黃色螢光筆標示出薪資，將薪資依項目區分。

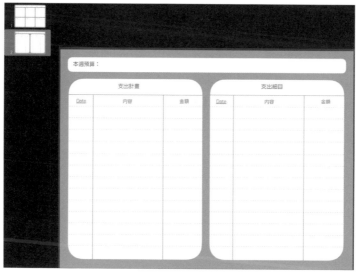

<圖3-131> 建立兩類支出明細

在下一章，我們會用同樣的方式製作項目明細欄目，左欄是支出計畫，右欄是實際支出明細。搭配預算，邊預寫支出計畫，邊考慮每筆開支是不是必要支出。除此之外，為了有計劃地消費，也要登記實際支出明細。如果花費透支，我會懷抱反省的心情一五一十地寫出透支細項。

有不少出色的付費應用程式，像是自動轉換信用卡明細或自動計算的家計簿應用程式。不過，親手寫家計簿的優點是因為能邊寫邊回顧自己的消費。金錢流向是不可見的，因此通過親手填寫家計簿，把金錢分類可視化。書寫的時間會成為感受金錢減少的時間。

製作使人生豐富的
心願清單

CHAPTER
07

DT GoodNote

　　真正造就我們的幸福人生的要素是什麼？即便我們擁有金錢、人氣和美麗外表，也無法解決我們的孤獨、空虛和憂鬱症狀。

　　哈佛大學商學院教授邁克爾・諾頓（Michael Norton）表示，比起只去一次的昂貴餐廳，常去符合自己經濟能力的餐廳，更能提升幸福度。同理，美國研究結果表明，無關收入水準，懂得享受週末出遊，或是替自己泡一杯美味的咖啡，又或是週五夜晚看喜愛的電影等各種微小樂趣的人，擁有較高的生活滿意度。

——《哈佛的幸福課題》
〈為了幸福，實踐「節約」吧〉章

　　請各位想一想感到幸福的真正要素是什麼，依此制定心願清單吧。與其盲目地寫心願清單，我建議先將清單分類後再寫，清單類別包含人際關係、家

庭、職業、金融、教育、自我進修、其他等等。請各位將心願清單分門別類整理好後，再擬定心願清單細項。

這次要做的心願清單模板是按年齡段填寫的未來日記。請各位具體地想像自己未來的模樣，期許通過實現這份心願清單達成何種效果，想像一下未來自己的身邊會有誰，自己住在哪裡，又穿著什麼樣的衣服。先想再寫的效果遠比茫然空想要好。最後我們會為心願清單添加設計感，好比設計一張人生旅行門票。

學習重點！

- 按自己的喜好設定顏色
- 加入陰影效果
- 組成群組後複製

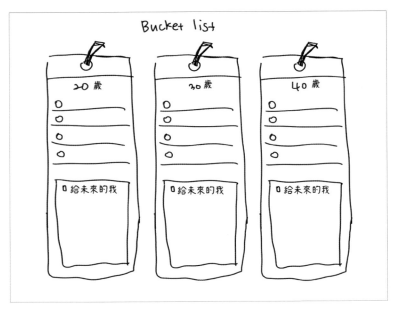

<圖3-132> 製作心願清單

我設計好了像是門票般的心願清單，最後打草稿，寫信給未來的自己。

<圖3-133> 調整幻燈片大小

開啟幻燈片，在文件設定可以更改大小，這次我選擇正方形版面。

<圖3-134> 設定幻燈片大小

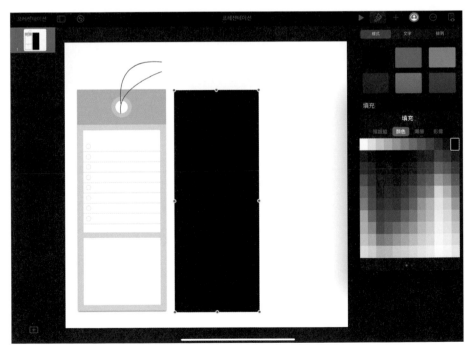

<圖3-135> 設定正方形版面

因為要畫三個相同的圖形，為了幫助各位理解說明，我先在第一個圖形旁邊畫了第二個圖形，一併解說。首先點擊右上方 [+] 選項，生成四邊形。

<圖3-136>

拖拉四角的藍點可以縮放大小，將圖形拉長。在選取圖形的狀態下，我點擊筆狀選項調整樣式。在選取填充選項之後，會進入 [顏色] 標籤，從色盤中選出顏色即可。在這個步驟，各位可做出往旁翻頁的手勢，會顯示可自由選擇顏色的色盤圈。色盤圈可調整彩度和亮度。大家各自選擇想要的顏色後，微調彩度與亮度，設定好理想顏色。

接下來，我開啟了陰影選項，選擇
下方有陰影的基礎效果。

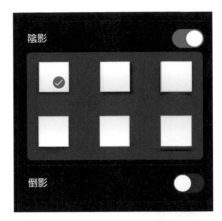

<圖3-137> 調整顏色彩度和亮度

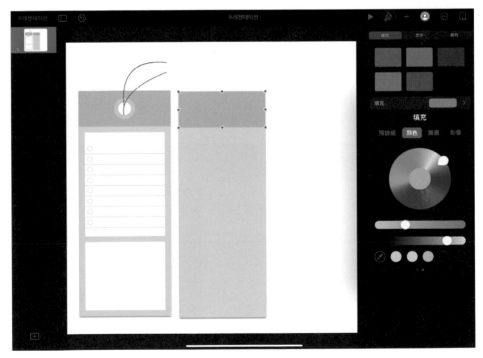

<圖3-138> 放置圖形

我運用相同的方式繪製出圖形，把它放到最頂端，再用比背景色更深的顏
色填滿。

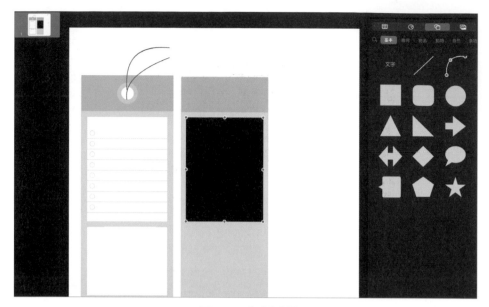

<図3-139> 生成文字框

接下來，我利用圖形生成寫字的文字框，並點擊筆狀選項，填充白色。

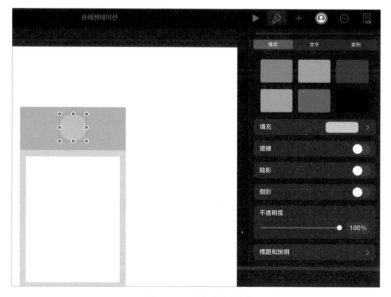

<図3-140> 添加圓形圖形

緊接著，我添加圓形圖形，用白色填充背景色。還有，為了營造透明貼紙感，我也調整了不透明度，使下方的背景色更透。

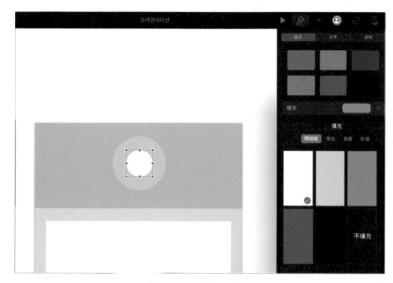

<圖3-141> 調整不透明度

　　為了營造出實體打洞感的背景，我畫出跟背景色同色的圓形圖形。

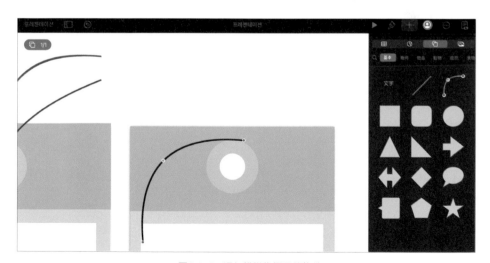

<圖3-142> 添加模樣像繩子的物件

接著，我要畫放在洞上方的繩子。在圖形標籤中選取自由曲線套索，選取點之外的區域就能移動整個物件。

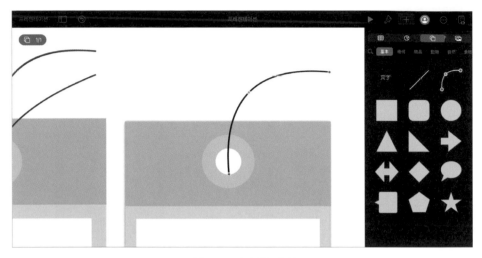

<圖3-143> 把握圖形細節

配合著被當成洞的圓形圖形，打造出繩索穿孔的感覺。

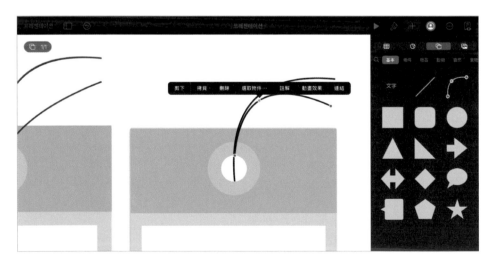

<圖3-144> 把握圖形細節（2）

再畫另一條繩子，輕選一個點，進行調整。

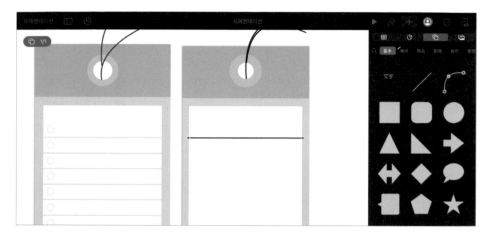

<圖3-145> 畫心願清單的線

接下來，我要畫心願清單上的線條。選取右上方 [+] 選項，在圖形標籤上點選直線樣式，然後點擊直線末端的藍點以調整垂直角度。

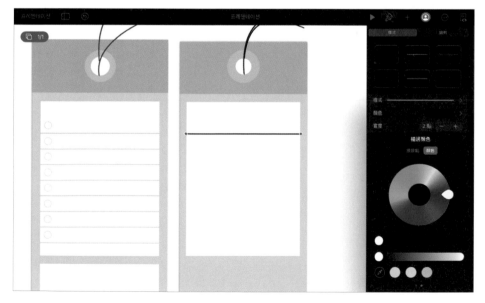

<圖3-146> 修改線條顏色

我把顏色改成跟背景色同色，這樣一來，就算超出白色底框也看不出來。

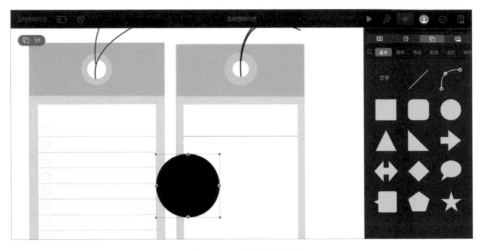

<圖3-147> 生成項目符號

然後我要做的是前方項目符號。選取右上方[+]選項，生成新圖形。

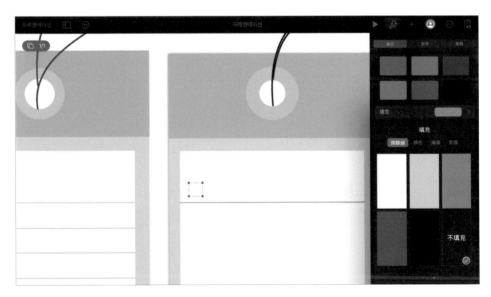

<圖3-148> 增添樣式

在選取圖形的狀態下，點擊筆狀選項，調整樣式。請選取 [不填充] 選項。

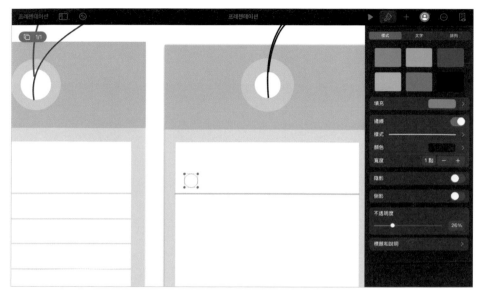

<圖3-149> 調整不透明度

選擇相同的米色系顏色製作邊框，做好之後記得降低不透明度，顏色的強弱要比標題和線條更弱。

<圖3-150> 畫剩下的線條

在這裡，我要一次選取線條和前方項目符號。一次選取多個物件的方法是，先用Apple Pencil選取圓形項目符號之後，另一隻手按住鍵盤Shift鍵，再選取想選取的線條，這樣就有兩個物件被選取了。在選好之後，複製、貼上，製作剩下的線條。

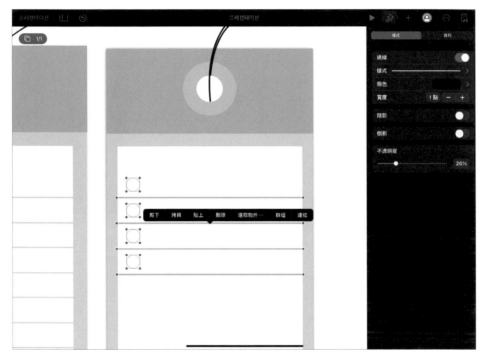

<圖3-151> 增加頁面

我一次畫好四組項目符號，然後把四組一口氣選取，再進行複製、貼上的動作。如此一來，我一口氣有了八組項目符號。

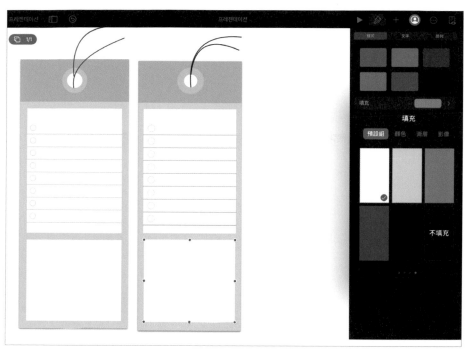

<圖3-152> 在每張清單下製作空欄

　　緊接著，我要製作心願清單下方的白色背景空欄，按照二十、三十字頭的年齡段，分別制定不同年齡段的心願清單，然後寫信給那個年齡段的自己。我要寫信給實現心願清單的自己，所以我增添一個文字框，輸入「給三字頭的自己」。

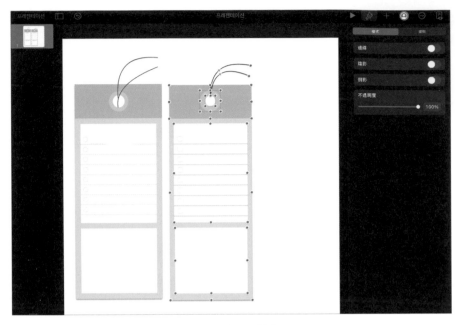

<図3-153> 完成心願清單

　　完成了。最後，我一次選取全部已完成的心願清單，點選右上方筆狀選項，在排列標籤中選[群組]選項，將這些心願清單群組化。

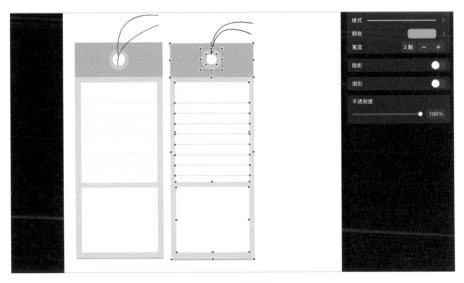

<図3-154> 選擇群組

將所有的物件都組成一個群組後，選擇該群組，進行複製，貼上動作以增加心願清單數。

<圖3-155> 在Keynote複製、黏貼到GoodNotes。

然後在Keynote裡[複製]後，到GoodNotes裡，在使用套索工具的狀態下，[貼上]，剛才複製的物件就會直接複製到GoodNote裡。

<圖3-156> 選擇套索工具

在Keynote複製物件之後，到GoodNotes上選擇套索工具，複製後就能移動。

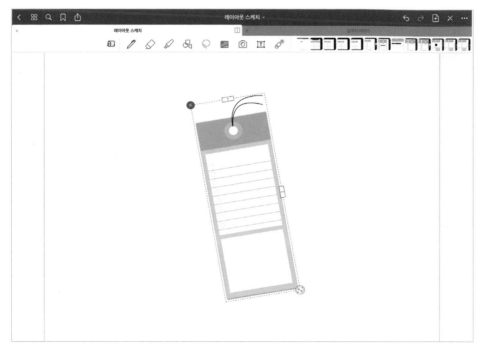

<圖3-157> 像貼紙一般活用

接著，在GoodNotes的套索工具狀態下，進行黏貼，就會像<圖3-157>一樣，物件被複製過來，可當成貼紙使用。

<圖3-158> 活用心願清單

上圖是我用心願清單相關的照片，搭配心願清單進行的手帳裝飾。我的其中一個心願清單是去濟州島旅行，而那個願望已經實現了。

製作練字的模板

　　製作和使用iPad手帳的時候，我會希望自己的字跡能變得漂亮。在iPad上寫字跟在一般紙上寫字是不一樣的。在全然適應iPad之前，很難寫出漂亮的字跡。所以這次為了改善字跡，在iPad上寫出漂亮的字，我們要製作的是練字模板。練字模板的作法跟手帳差不多，排版並不難。首先請各位準備好手寫練習文句。無論是喜歡的書的句子，或歌詞，或是短句，或自己的日記都可以。請在iPad上安裝自己喜愛的字體。字體安裝的方法請參考我前面提過的字體應用程式。

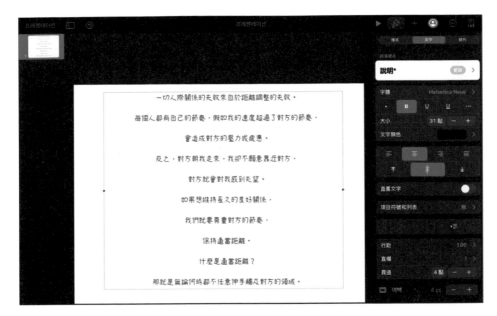

<図3-159> 複製並貼上原文

我複製並貼上練字用的原文，接著點擊右上方筆刷圖示，改變原文樣式。

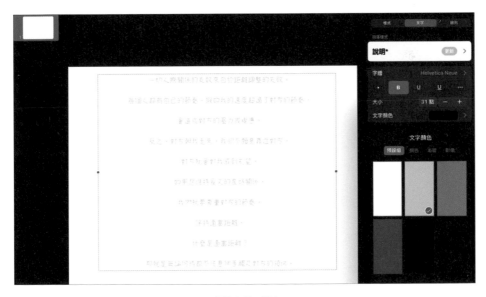

<図3-160> 設定

我使用的是淺灰色字體顏色，至於字體樣式由各位決定，用自己想用的字體就行了。接著我把文字下方的間距，也就是行距，設得更寬，方便我在淺灰色的字上方或下方進行抄寫。

<圖3-161> 在文字上畫虛線

調整字體透明度，找出文字與文字之間的中心，在中間畫上淺色虛線。

<圖3-162> 在行中間畫線

接下來，為了模仿上方的手寫筆跡，在寬行距之間畫線，重複複製、貼上的動作，貼上多條虛線。

<圖3-163> 練字模板完成

大功告成！最後各位只需要完成的練字模板匯入GoodNotes，用比虛線和原文字體更深的顏色練筆就行了。

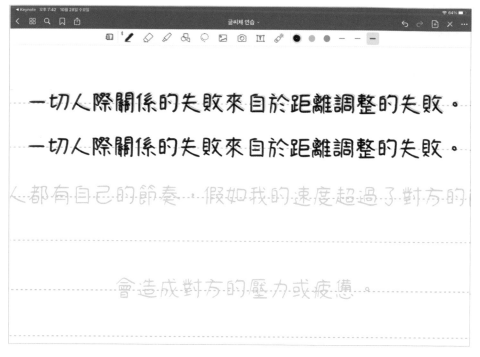

<圖3-164> 練字

　　用iPad練字的時候，放大畫面，慢慢寫會比較好。各位可根據個人喜好，使用有實體紙張質感的類紙膜，或是利用一些能夾在筆尖上，降低筆尖滑感的配件等等，提升實質紙張書寫感。雖說字跡是一個人長久以來養成的習慣，很難一下子改善，不過每天堅持不懈地練字，一定能看見字跡的改變。

販售我做的模板

DT GoodNote

這次我要介紹的不是iPad使用法,而是如何利用iPad的功能,創造更有價值、更有市場性,且更具完成度的模板設計法。

9-1 模板市場的規模與潛力 ▶

各位通過這本書學到怎麼製作手帳模板,而自製手帳模板能創造收益。GoodNotes的模板市場是「Digital template」市場。我們可以向與自己年齡相仿,生活模式相似的人,或是同性別的消費者,出售我們製作的模板。出售自製手帳模板的優點是,自製手帳模板的庫存是固定不變的,不會因銷量而減少。因為是數位內容,所以只要製作一次就能長期販售,更不用擔心快遞送

貨或店鋪租金問題。

　　各位會不會覺得做出來的模板只有自己用很可惜？各位可根據自己耗費的心力和工時，制定售價。有一個叫「ETSY」的GoodNotes模板市場，賣家只要在上面註冊做好的模板，買家可直接點擊下載按鈕，購買模板，用不著實體配送。還有，ETSY買家遍及全世界，有時我連在睡夢中也在進帳。銷售排行第一的暢銷商品銷量超過了一億本，由此看來，ETSY的買家數之多與市場規模之大，韓國國內市場無法企及。

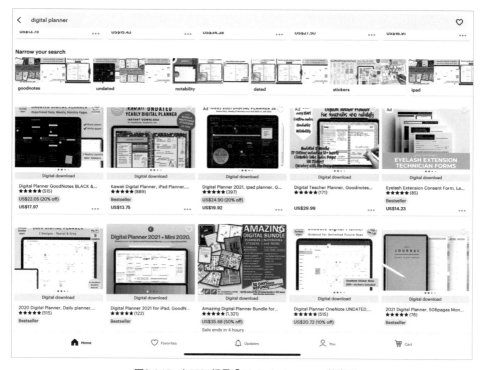

<圖3-165> 在ETSY搜尋「Digital planner」的畫面

　　在ETSY上搜索「Digital planer」能找到各式各樣的數位模板。

9-1-1 製作有市場性的模板的方法

如果說前面介紹的是製作模板的工具活用法，那麼我介紹的是如何打造暢銷手帳模板。在這裡說著如何製作暢銷模板的我，也不停地努力打造著「DT GoodNote」品牌。

在韓國的主要入口網站NAVER搜索「GoodNotes」，會跳出購物排行第一的模板品牌DT GoodNote（以二〇二〇年十月三十日為準）的搜尋結果。此外，在以全世界用戶為對象的數位模板市場ETSY中，我也正以「DT Creative Group」品牌活動中。我在那裡販售數位手帳，獲得「Best seller」的徽章。我在數位手帳模板市場上與形形色色的消費者交手，想跟各位分享我的累積的經驗與竅門。

有市場性的模板製作過程

1	制定目標客群	6	色卡
2	分析目標客群的行為模式	7	製作
3	調查市場趨勢	8	上市
4	擬定手帳構成物件	9	宣傳與行銷
5	制定手帳設計風格	10	回饋與更新

| 設定目標客群與企劃 |

在DT GoodNote的賣場，我以學生為目標客群，販售iPad用學習計畫，但其實我並不是學生，所以我需要調查目標客群的iPad使用行為模式，挖掘他們的共通點。我的方法是，設定一名虛擬人物，預想他的日程，設計他需要的清單目錄與規劃手帳模板的排版。

在製作商品的時候，最費工夫的部分就是細分目標客群——按特性區分使用者，並加以分組。在我將GoodNotes打造成商業品牌時，我把我們品牌產品使用者細分為上班族、學生、黑暗模式（Dark mode）愛好者，與把iPad作為興趣生活之用的使用者等等。

｜ 制定手帳設計風格 ｜

確定了目標客群之後，我要制定符合目標客群的手帳設計風格。在前面製作GoodNotes模板的過程中，我稍微提過，這裡我會更仔細地說明。如果說排版是手帳模板的骨架與身體，那麼設計就是創作者要替手帳模板穿上的服裝，衣服能左右手帳模板散發出的氣息。

手帳模板設計要素由線條、字體與背景風格構成。即便是相同內容的排版，也會因設計風格產生不同的印象。舉例來說，要製作的手帳是復古風呢？還是現代時尚風？或是新復古風（Newtro）？

接下來，我會調查參考資料。在調查的過程中，自然會發現該模板風格特色，創作者凸顯該風格特色，宛如賦予手帳新的生命，創作出符合該風格的全新手帳模板。我在Pinterest調查新復古風的設計特色。新復古風是「嶄新」（New）與「復古、懷舊」（Retro）的合成語，是一種重新詮釋復古風，迎合現代的風格。觀察新復古風後所發現的共同點，就是我的設計理念特色。

新復古風主要使用粗線條，以及與互補色形成對比的鮮明顏色。還有，我仔細觀察後發現新復古風經常會使用Helvetica Fone字體，並愛用笑臉圖案。

｜色卡｜

　　如果各位也決定好了自己的手帳設計風格，那麼我們就要來組合色卡。請各位大致定出三種顏色，一種顏色是主色，其他兩種則是與主色搭配的輔色。比方說，我們決定好目標客群是有少女浪漫情懷的二十多歲女性，那麼我們下一步就得調查相應的可愛少女配色。下方是我個人調查出的富有少女情懷，可愛又鮮明的顏色，而下圖正是我應用調查結果，設計出的有著可愛鮮豔色彩的新復古風手帳。

<圖3-166> 有著少女情懷的可愛手帳

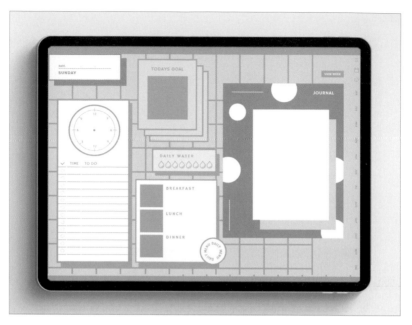

<図3-167> 手帳內頁

TIP 上方的手帳可在Dtgoodnote.com網站的[免費內頁]下載。

| 製作 |

　　我按先前介紹的方法，在手帳插入超連結後，完成了上市商品。然而，我在製作手帳的時候，還沒發現方法能有效減少超連結作業的工作量。由於一年份的超連結工作量十分龐大，於是我分成十二天，一天做一個月的量，持續不懈地完成了。

　　在製作手帳的同時，各位必須對使用者使用GoodNotes的不方便之處變得更敏感才行，唯有如此，才能設計出有良好用戶體驗的手帳模板。假如創作

者的不便性體驗為1分的話，使用者會放大到10分，各位要抱著這種念頭測試自己的模板。

| 宣傳與行銷 |

再好的商品，假如沒沒無聞的話一定賣不出去，對吧。我們必須規劃宣傳策略。各位得在目標客群最常使用的平台上打廣告。這裡的平台指的是NAVER、Instagram和YouTube等等。

換言之，在目標客群購買iPad後，創作者必須要創作與目標客群的網路互動劇本。蒐集目標客群買了iPad之後會上網搜尋什麼東西、會對什麼東西感興趣、會查找哪些關鍵字等等，創作者必須追蹤目標客群的行動途徑，在他們的行動途徑上打廣告。這是一種內容行銷手段。在那些平台上發佈與GoodNotes有關的內容，或GoodNotes使用者會好奇的內容，增加目標客群的商品觸及率，進行宣傳。

通常人們入手GoodNotes後，會上網搜索GoodNotes的使用方法，還有GoodNotes的不方便之處。這些都是很有用的資訊。我會搭配這些資訊，透過免費分享模板，吸引目標客群。因為目標客群免費試用過後，就能度過無法爽快掏錢購買付費商品的尷尬過程，自然而然地被誘導購買付費版模板。

| 回饋與更新 |

當創作者發送商品之後，用戶回饋意見會如雪花般飛來。創作者必須回應回饋意見，不斷地修正與升級商品，提高操作方便性。假如GoodNotes更新應用程式，增加了新功能，創作者就得善加利用新功能，創造更高效的手帳模板。

PART

3

將Procreate跟
GoodNotes一起使用

最近風靡的Procreate 手帳裝飾！

CHAPTER

01

Bamtol

　　在iPad App Store裡，Procreate和GoodNotes、Notability分別佔據付費應用程式排行榜前三名。儘管Procreate是從數位繪畫新手到專家都很喜愛的應用程式。但各位可能對用繪畫應用程式進行手帳裝飾感到很生疏吧。為什麼我們要用Procreate進行數位手帳裝飾呢？要怎麼用數位繪圖應用程式進行裝飾呢？

　　原因很簡單。GoodNotes是一個筆記應用程式，它兼具了出色的手帳裝飾功能，這一點無庸置疑，但相對來說它仍有限制與缺點，這些部分就由Procreate彌補。

GoodNotes	Procreate
筆種有限	筆種繁多，且可另行下載筆刷使用
圖片過多時會lag，甚至強制終止程式	儘管圖層多，但相對而言較穩定
剪裁貼紙的時候大小不一，需調整大小很麻煩	大小一致，使用方便，尤其像處理數字／在製作文字貼紙時，在一張圖片中能剪出多張相同大小的貼紙，非常方便
無圖層功能，想改變圖片順序的時候，只能按剪裁順序調整	有圖層功能，想改變圖片順序的時候，可任意移動圖層
模板無法變形延用，只能按原版使用	根據手帳的氣氛調整色調，或利用高斯模糊效果，加入陰影等各種細節。

　　Procreate是繪圖應用程式，功能強大，適合繪圖作業。至於我們該如何活用Procreate裝飾手帳？利用Procreate強大的功能絕對能打造出完成度更高的手帳，但由於它是付費應用程式，可能有些人會猶豫該不該購買，或擔心不好買了之後難上手。為了這些人，我會親自展示利用Procreate裝飾手帳的過程，也會介紹一些功能和使用技巧。在這一章節，比起詳盡解說Procreate的功能，我會聚焦在掌握這些功能的使用技巧。

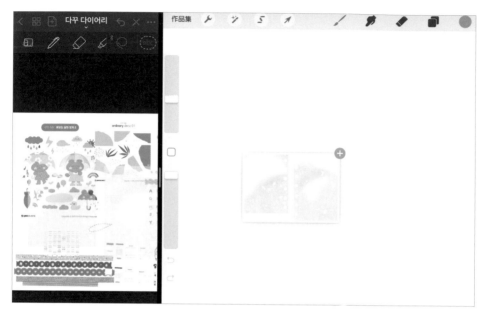

<圖4-1> 在分割畫面開啟GoodNotes和Procreate，拖放圖檔進去

　　我已經先把手帳內頁跟貼紙存在GoodNotes裡，所以我第一步就是把會用到的內頁和貼紙集中到同一頁上。因為在開始裝飾手帳之前，把會使用到的檔案集中放到同一頁上，能先確認我預想的貼紙究竟適不適合我這次要裝飾的手帳，也能確認貼紙與貼紙之間的協調性，能有效裝飾出完成度高的手帳。接著，我會用「分割畫面」，同時開啟GoodNotes與Procreate，再把貼紙一一「拖拉」到Procreate，就像在裝飾實體手帳之前，會把手帳與貼紙攤到桌上一樣。

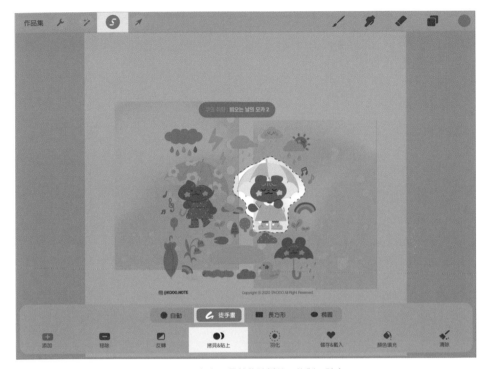

<圖4-2> 用套索工具剪裁貼紙後，複製、貼上

　　先叫出手帳與會使用到的貼紙。在左上方點擊「選擇」選項便可設定多個
工具列。各位請依據貼紙形狀選擇套索或長方形，把套索想成GoodNotes裡
的「Freehand」功能就行了。用套索工具剪裁想要的區域後，複製、貼上，
被選取區域會被建立為新圖層。通過複製與貼上指令，能無限制地使用貼紙是
數位手帳獨一無二的優點。

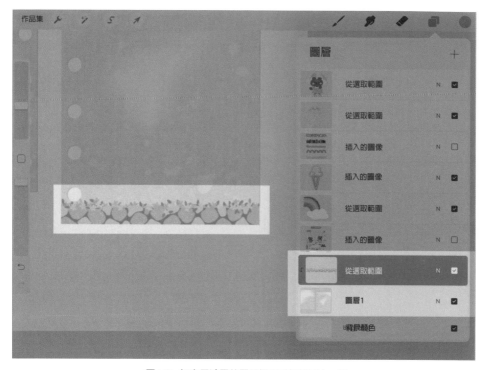

<圖4-3> 把套用遮罩的圖層挪至手帳圖層上一層

當碰到裝飾非數位手帳，而是實體手帳的情況，一般會用剪刀剪掉超出手帳頁面的貼紙，用打洞機打穿遮住六孔手帳的洞的貼紙，那麼數位手帳要如何營造出相同感覺呢？只要善用「遮罩」功能，就能讓貼紙貼合手帳，不用再小心翼翼地調整貼紙大小。請把套用遮罩的圖層放到手帳圖層上一層就行了。假如貼紙所在的圖層出現指向手帳圖層的綠色箭頭，則代表套用成功。

至於六孔手帳的狀況，把貼紙放在孔口處會遮住孔，但使用遮罩功能，能達到如打洞機打洞的效果，體現裝飾六孔手帳的效果。請用遮罩功能處理超出手帳範圍的貼紙，或放在六孔孔口處的貼紙。

利用調整和變換工具移動貼紙

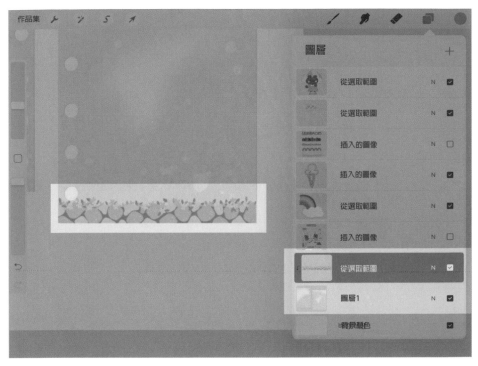

<圖4-4> 利用調整和變換工具，移動同一圖層內的貼紙位置

　　要想移動相同圖層的貼紙的位置，不用另外製作新圖層。首先像右邊圖檔一樣，選取「調整」選項，便可選擇想移動的區域，然後點擊長得像滑鼠箭頭形狀的「變換」鍵。同一圖層的貼紙可自由調整位置，不需製作個別圖層。

　　當然製作成個別圖層，調整起來更方便，但Procreate提供的基本正方形畫布尺寸為「2048px×2048 px」，一個手帳動輒會用到幾十個貼紙，圖層數隨隨便便就會超過44層，是以中間必須合併圖層才行。當我們想調整合併圖層裡的貼紙的位置時，這個功能就能派上用場。

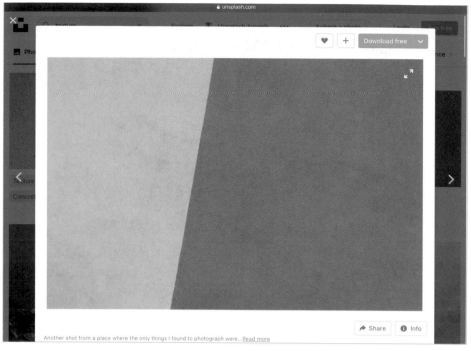

<圖4-5> 下載背景

　　既然要裝飾手帳，總是得挑背景的吧。想要單色背景的人，可以在 Procreate輕鬆地挑選想要的顏色，但想要寫實背景圖片的人，請到網上的免費圖片素材庫，挑選背景。我個人是在「Unsplash」網站搜索「texture」後下載背景圖檔。各位不妨按個人喜好，在前面介紹過的免費圖片素材庫與應用程式中，下載喜愛的圖片。

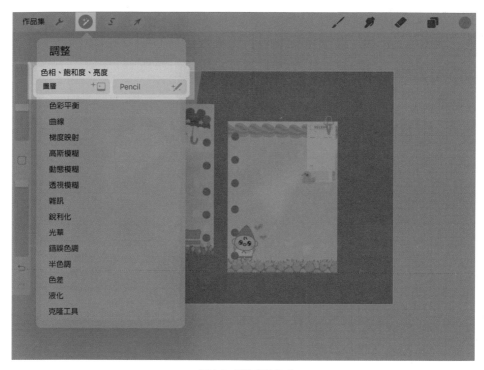

<圖4-6> 調整背景色感

　　要是各位都挑好了背景圖檔，就通過 [操作-添加-插入一張照片] 選項，叫出背景圖檔，將其放到最下層圖層。雖然到這裡已經算是完成，但比起藍色手帳配上粉紅色背景，把背景圖檔調成與手帳一致的藍色，能帶來統一感。請各位選取 [調整-色相、飽和度、亮度-圖層] 選項，將背景圖檔改成適合手帳的顏色。注意，確認有沒有先選取好背景圖層。

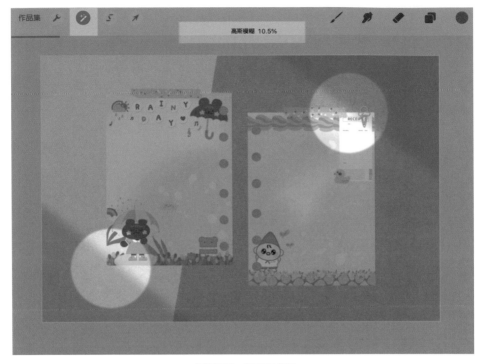

打造陰影，提高完成度

假如各位調好了背景圖檔的顏色，接下來該打造有現實感的陰影效果。方法很簡單。先選取 [書法-單線] 筆刷後，調成黑色筆刷，然後在想增添陰影的部位賦予亮點。各位可以像我一樣在邊緣畫一個簡單的亮點，也可以畫樹葉或窗戶點綴細節。

通常畫好陰影的下一個動作是調整不透明度。不透明度以「20％～40％」為佳，在這裡我調成33％。各位調整好不透明度之後，請點擊 [調整-高斯模糊] 選項，以調整模糊效果，我個人調成10.5％的模糊效果。

<圖4-8> Procreate裝飾手帳完成

　　像這樣，我們另外增添的背景色感與陰影效果，增加了手帳完成度，讓它變得更像實體手帳。Procreate是專業繪圖應用程式，平常不繪畫的人會覺得上手不易，但它不只適合用來繪圖，也很適合用在裝飾手帳上。GoodNotes適合簡單的裝飾，相對地，Procreate適合添加各種細節，或根據個人喜好調整色感，增添手帳完成度。

　　也許各位心想Procreate是專業繪圖應用程式，入門門檻高，但哪怕只記住裝飾手帳會用到的功能也就夠了。等到熟練後，各位也可以製作屬於自己的貼紙裝飾手帳，或是與他人共享貼紙！

｜插入｜

❶ **插入一個檔案**：可將存在iPad的「檔案」插入。

❷ **插入一張照片／拍照**：可添加相簿
保存的照片或新拍照片。

❸ **添加文字**：可添加文字。下載字
體，並在Procreate叫出該字體，
在Procreate裡直接使用該字體。此
外，可調整字體的大小、字距、行
距與不透明度等等，十分方便。

❹ **剪下／拷貝**：可剪裁或複製選中的
圖層。

❺ **拷貝畫布**：可複製整張畫布。優點
是可以直接分享到外部，不用特別
儲存圖檔。

<圖4-9>

❻ **貼上**：在剪下與拷貝狀態下才能使用的選項，可剪裁或貼上已複製的圖片。

〔操作-添加〕可插入圖片和文字

｜分享｜

❶ **Procreate**：可存為Procreate專用檔案，畫布與圖層全都保存，供日後重新
編輯。

❷ **PSD**：可共享為Photoshop專用檔案格式，進行編輯。

❸ **PDF**：在輸出為文件，或導出到GoodNotes與Notability時很有用。

❹ **JPEG**：是常用的圖檔格式。

⑤ PNG：PNG圖檔格式的品質
　較JPEG佳，通常用於製作背
　景透明的貼紙。

⑥ TIFF：是無損品質的圖像壓縮
　檔案格式，缺點是檔案大。

　　［操作-分享］能把完成的圖
　　檔分享成各種類型的檔案。

操作

添加　畫布　分享　影片　偏好設定　幫助

分享圖像

❶ Procreate

❷ PSD

❸ PDF

❹ JPEG

❺ PNG

❻ TIFF

<圖4-10>

插入與導出

TIP

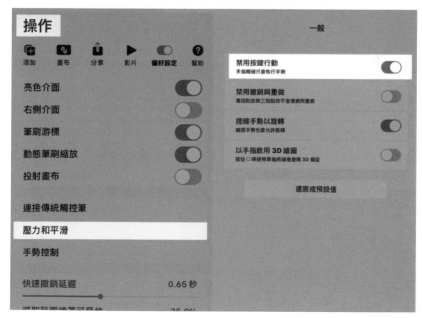

<圖4-11>

［偏好設定-手勢控制］可開啟塗抹設定。

各位是不是偶爾會碰到正在繪圖，手卻不知不覺被系統識別而手忙腳亂的情況呢？我也很多時候會因為手不知不覺地被識別而搞砸圖畫，感到煩躁。如果馬上發現有這種情況，取消動作就行了，但如果是在合併圖層後或完成圖片之後才發現，情況就會非常麻煩，讓人不痛快。

考慮到有些使用者會跟我有相同煩惱，其實在Procreate裡可以設定只識別Apple Pencil，而不識別手。首先進入板手圖示的按鈕［操作］，接著點擊［偏好設定-手勢控制］，關閉［觸碰］選項。在Procreate不識別手的狀態下，使用者無法用手繪圖或啟用橡皮擦功能，但仍可以進行選取或手勢動作。另外，請注意如果是貼上類紙膜的iPad，在把Apple Pencil作為橡皮擦，大範圍擦拭的過程中，有可能造成類紙膜與筆尖過度磨損。

像是真的被撕裂般的紙膠帶質感　　　　　TIP

｜表現出如實際被撕裂的末端｜

實際上，當我們用Procreate製造紙膠帶的時候，比起「一字式處理」的筆尾，把筆尾處理成如撕裂般的末端，能讓手帳完成度更高。那麼該如何呈現這樣的效果？我要介紹五種可表現出實際紙膠帶感的筆刷。

首先，要怎麼製造紙膠帶？在通過左上方套索工具畫出直角四邊形之後，用想要的顏色或圖案填滿該四邊形，然後用筆刷輕輕地擦拭它的兩端，最後將圖層不透明度調至約55％～77％就完成了！另外，如果能以此為基礎，進一步添加陰影或插圖元素，會達成更特別的效果。

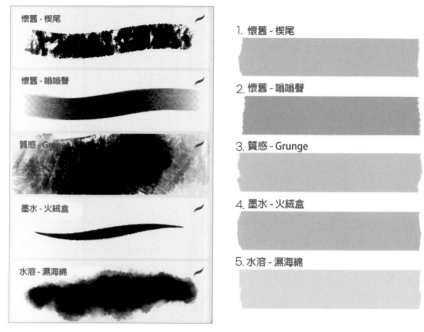

<圖4-12> 用各種筆刷處理末端

┃表現紙膠帶質感┃

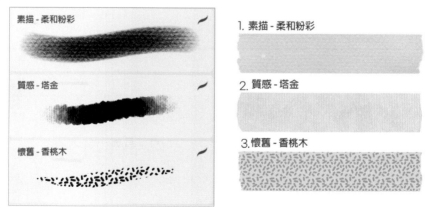

<圖4-13> 用遮罩表現紙感

在紙膠帶圖層中添加一個圖層，設置遮罩，把筆刷顏色設成白色或米色，再用可表現紙質感的筆刷塗抹，就能輕鬆呈現實體紙膠帶的質感或圖案。另外，調整質感圖層的不透明度或「柔光」，效果會更自然。

自製調色板   T I P ▶

除了Procreate提供的基本調色板之外，我們也能彙整常用的顏色，生成新調色板，或是叫出之前存好的swatch檔，又或是匯入圖檔，自動選取圖檔中的顏色，另製調色板。

<圖4-14>

如果匯入圖檔，也可以自行汲取圖檔中顏色，製作調色板。

各位可在「Procreate Folio」應用程式網站上下載Procreate專用的swatch檔，或是在Pinterest下載圖片，製作調色板。我在下面會提供下載Procreate Swatch與筆刷等各種工具的網頁，供各位參考。

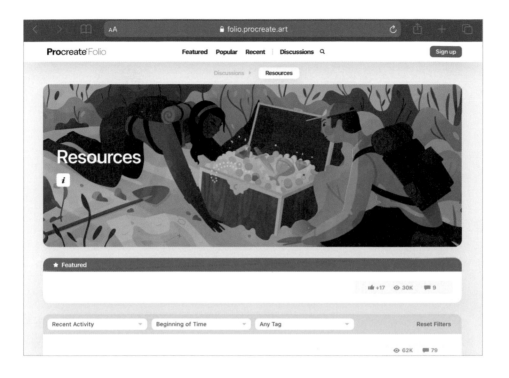

<圖4-15> 免費下載網站

　　不僅是繪圖，我們在裝飾手帳或製作貼紙的時候，如果有各式各樣的筆刷與swatch檔，便能期待更豐富的完成品。Procreatefolio由Procreate經營，在選單下方的「Resouces」能免費下載使用者製作的筆刷與swatch檔（https://folio.procreate.art/discussions）。大部分文件都是存在雲端硬碟「Dropbox」共享，假如下載的檔案量大，我推薦各位申請「Dropbox」帳號。

把日常照變成作品！

　　將我們親自拍攝的照片上傳至Procreate，並在上面繪圖，製作出特別的照片。親自拍的照片變成塗鴉寫生簿，光想都特別吧。如果有人正在經營YouTube或是Blog等各種社群網站，也能嘗試自製影片封面縮圖或簡易動圖。

　　請各位匯入人物或寵物照，挑戰簡單的線條繪圖吧。把這張圖送給想分享回憶的人怎樣呢？請讓平凡的日常重生為各位的專屬作品吧！無論是什麼照片，都能成為各位的寫生簿。

<圖4-16> 免費下載筆刷和調色板

PART

4

在實際生活中的
iPad活用小技巧

用GoodNotes有效管理
工作與日程的方法

CHAPTER
01

DT GoodNote

　　上班族該怎麼利用iPad呢？我自己是IT新服務架構和數位行銷相關從業人員，所以下面我會介紹上班族的iPad使用法。希望能提供同業人士參考。

　　還有，我也會一起介紹DT GoodNote的工作手帳。雖說這份模板早已商品化，但各位仍可按自身工作風格，調整成工作管理手帳。我不用Excel或PPT，而用Apple Pencil搭配GoodNotes，是因為這樣能發散思維。創意點子是抽象的，各種素材會碰撞出靈感，各位可配合現有的模板樣式，進行擴散性思考。

1-1 上班族的必備時間管理技巧 ▶

　　相較於賦予的時間，公司總是希望下屬能發揮120％的時間價值與能量，然而我們希望的只有準時下班！我們要有效地利用工作時間，一起準時下班！

┃活用工作手帳日記事頁┃

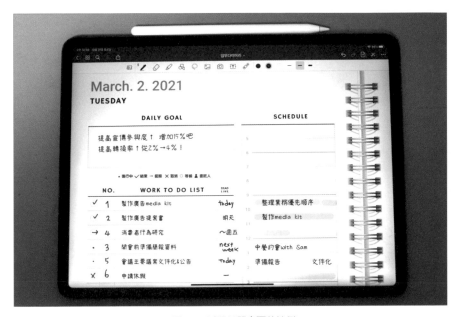

<圖5-1> 活用日記事頁的範例

　　我上班後會先檢查電子郵件，然後盤點當天工作任務的先後順序。

- ■　決定工作任務先後順序。
- ■　掌握適合高強度腦力勞動的時間，在該時段裡進行需要動腦的工作。
- ■　重複性高的工作任務不需要思考，所以集中一次處理。

- 在寫待辦事項的時候，我會站在上司的立場寫下上司對我期望的事。
- 寫下交辦事項的交辦人姓名。

　　當我在交辦工作任務的時候，我會傳達對方我所期待達到的程度，我與對方都要對那件事會達到的結果有個底。我認為怎麼拜託他人對職場生活是件好事。因為公司的事講求團隊合作，不是一個人的事。公司的事不是一人獨大，而要與成員們共享相同目標和結果，過程裡一起評估工作成果才行。

<圖5-2> 會議記錄

　　職場生活的所有意見與資訊來自「傾聽」。韓國人喜歡説客套話，當難以掌握對方意圖的時候，思考對方為什麼會説那些話，還有説那些話造成的結果，有助掌握對方的真正想法。思考對方説那些話的理由，能讓我們弄清楚對方期望的結果。在開完會之後，隨即思索當下該做什麼，進而確認需要哪些額外資訊，馬上請求資訊。我會在會議記錄旁立刻寫下必須實踐的事，藉此提高

工作效率。

TIP 可在DT GoodNote官網[免費內頁]裡下載會議記錄。
www.dtgoodnote.com

無紙化生活的飛躍，
iPad聰明學習法

CHAPTER

02

Bamtol

有人一開始買iPad的目的是讀書，但現實中卻只拿它看Netflix的嗎？
如果您還在煩惱如何iPad用在讀書上，請好好地跟著我吧！本章會介紹利用
iPad的有效讀書法。聰明的無紙化學習現在開始。

十頁以上的模擬試卷、五十頁以上的講義、三百頁的專業書籍，每次都要
印這些東西，您是不是覺得很重？這些東西可以全放入iPad喔。您是不是曾在
上課的日子放棄漂亮的環保書袋，背著裝滿專業用書的沉重包包辛苦上學呢？
從今以後，沉重的書包再見！您只需要單手拿iPad，把Apple Pencil塞進口
袋就夠了。

儘管我這次介紹的iPad活用技巧主要對象是大學生，但學習不分年齡，
不是只有學生才需要讀書。上班族也好，主婦也好，大家都會不斷地充實自
己。正在考證照，或正在學英文，或正在考駕照，或正在準備升職考的人，送
給自己一份特別的iPad使用訣竅怎樣呢？我說的就是正在不懈地學習的你。

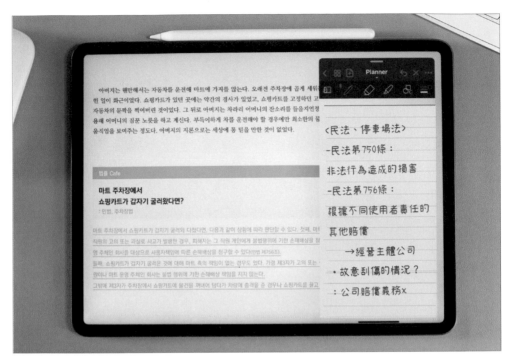

<図5-3> 靠iPad解決讀書與做筆記！

2-1 大學生篇_只要一台iPad就能搞定厚重的 專業用書！

　　大學生上課的時候使用iPad，可以把iPad的功效發揮到200％。有很多人看了很久的YouTube影片，被影片推坑，認為「有iPad就能好好地活用在讀書上」，罹患把iPad買到手之前不會好的「iPad病」，最後拿讀書當藉口買下iPad。對於打工賺零用錢的學生來說，買iPad不是個簡單的決定，能咬牙買下它的理由是因為「相信自己會物盡其用」。

我買iPad的主因是「便利」。我讀的是法律系，大多的專業用書頁數超過300頁。碰到一天有三門專業課的日子，我的肩膀就會遭殃，更別提考試期間，扛著這麼多書去圖書館，活像扛著登山行囊一樣，大包小包的。我想到能把這許許多多的專業用書、課堂講義和筆記本全部裝進iPad，只要帶一台平板電腦去圖書館就開心得不得了。如果您也是一天超過兩門專業課，就會放棄書袋，改背背包上課去的人，從現在起請仔細看看我是怎麼利用iPad的吧。

2-1-1　用iPad學習的優點

∣ 模板和筆種繁多 ∣

我從小就對寫字工具很感興趣，我特別喜歡筆記本，每次一拿到零用錢立刻先到文具店報到，瀏覽各式各樣的文具。我每個學期都想開新筆記本寫，導致一大堆沒寫完的筆記本被塵封書架。我還記得我因為捨不得剩下的空白內頁，把它們當成解數學題的計算紙。剩紙固然可惜，但我又放棄不了新學期打開新筆記本的欲望。還有，每門課的筆記量差異太大，索引筆記（Index note）派不上用場。基本上，無論任何科目，把一本筆記本寫到完的機會少之又少。但如果我把所有科目的筆記集中在能增添內頁的六孔活頁筆記本，筆記本的體積肯定會是普通筆記的3～4倍厚，不便攜帶。

反之，如果每一科都使用不同的筆記本，那麼筆記會散布在許多筆記本上，每次都得找，很難一口氣看完所有筆記。再說，這麼多本筆記要花的錢不容忽視。而且要依據每一科的科目特性，挑選不同種類的筆記本。比方說，經常要做課堂筆記的科目，因為得迅速記下教授的話，適合使用無線或無格筆記本；回家複習課堂內容的時候，用康乃爾筆記本或橫線筆記本較適合。

然而，在iPad上寫筆記可根據使用者的情況與需求，自由地更換內頁，

也可以根據個人喜好設計不同的筆記本內頁。能修改現有筆記模板、複製頁面和移動資料夾是iPad筆記的最大優點。

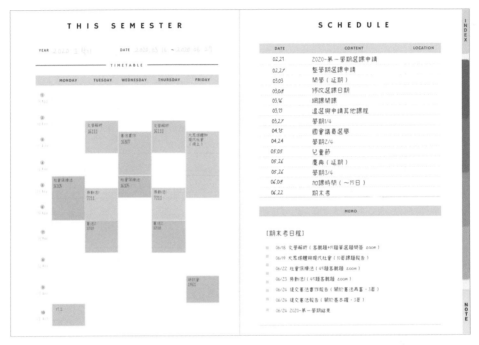

<圖5-4> 學期課程表

另外，我為了更有效地管理時間，決定制定學習計畫，而網上有很多免費下載的手帳內頁，我可以根據當天心情或需求，讀書時替換內頁，心情就像變成了筆記本富翁。

我知道有很多好用的時間管理APP，不過各位親手畫時間表，痛下決心專注學習每一科，怎麼樣呢？

大部分的人在學期初會把課表寫在手帳行事曆上，但假如因為日程太多而

混淆，請把大學課表單獨整理出來吧。讓學校日程變得簡潔明了，再規劃每學期的目標吧。

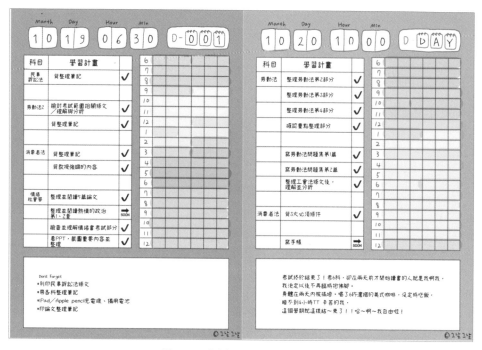

<圖5-5> 可有效管理時間表的學習計畫

　　用iPad寫筆記的另一項優點是，iPad內建數百種顏色的原子筆和螢光筆，筆種繁多，包括GoodNotes在內，很多iPad筆記應用程式都能直接指定多種筆種與顏色，我再也不用隨身攜帶彩色原子筆、螢光筆、紙膠帶與橡皮擦，超級方便。現在回想起來，總覺得有些害羞，以前我非常喜歡筆，經常購入原子筆和螢光筆，根據用途替換筆芯，高中上學時甚至得帶兩個筆袋。有些人也很愛替換筆，雖不及我，但我記得他們的筆袋也總是鼓鼓的。但假如改用iPad寫筆記，Apple Pencil一筆在手就綽綽有餘，這一點其實非常有魅力。

Ｉ 簡潔的筆記 Ｉ

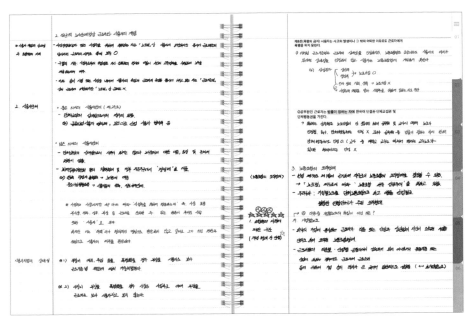

<圖5-6> 大學專業課筆記（1）

要用修正帶塗改認真寫好的筆記，我總是很猶豫，因為就算修正帶能修正寫錯的地方卻不免會留下修改痕跡。再者，在修正帶覆蓋處重寫筆記會凹凸不平，一不小心甚至會暈開，看不清楚筆記內容。

這也是我使用iPad筆記的最大原因。在紙上寫筆記，有時會寫錯，有時寫完卻碰上教授追加說明，不知道該把補充內容寫在哪裡才好。但用iPad寫筆記，有寫錯的地方，用消除功能消除就好，能維持筆記簡潔。要是寫著寫著，字歪掉，偏離線，或是沒能靠中對齊，也能利用套索工具，把寫好的筆記挪到理想位置。

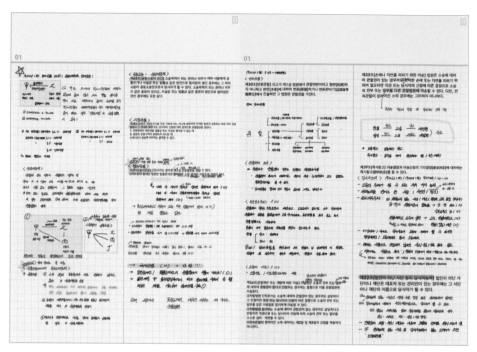

<figure><圖5-7> 大學專業課筆記（2）</figure>

　　教授在筆記寫完了又追加說明的時候，我也能利用套索工具剪裁、貼上，在想要的位置寫上教授的補充內容。這些iPad數位手帳獨有的功能能讓筆記更簡潔。

| Notability的錄音功能 |

　　每個學生一定都會碰過這種情況。不想錯過教授在課堂上說的內容，會全神貫注地聽講，手忙著寫筆記，眼睛忙著看課本，在回家後對照課本和筆記的時候，卻忘了自己到底做的是哪一部分的筆記而驚慌失色。「Notability」筆記應用程式具備能同時進行即時錄音與筆記的錄音功能，假如碰到上述情況，可以邊看筆記邊回聽課堂錄音檔，提高讀書效率。

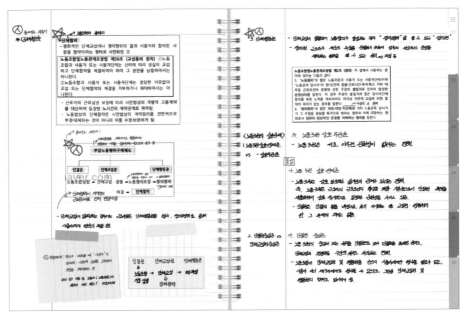

<圖5-8> 匯入圖片後寫筆記

　　有很多理工系的課得搭配圖片講解，比方說：醫學系等等。除此之外，也很常碰到用PTT追加講解圖片的情況。這時候，iPad能輕鬆掃描課堂圖片，把圖檔插入筆記。拍照後能立刻存到iPad裡作筆記也是iPad筆記的優點之一。

　　不僅如此，也可以將網課影片的黑板筆記截圖，直接匯入iPad筆記，寫筆記更加輕鬆省力。

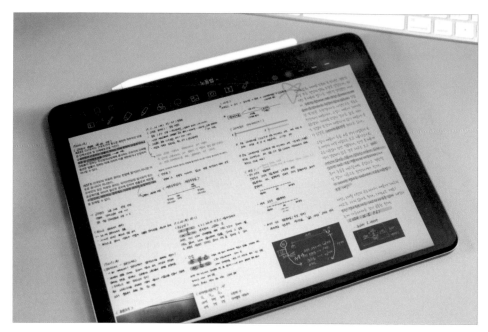

<圖5-9> 能立刻截網課螢幕圖，寫筆記

| 無紙化 |

　　各位過去有過類似經驗嗎？每個禮拜一大早出門到列印室排隊，列印教授發的課堂講義。這時候，擁有一台iPad，就不用每天早上上課前去排隊列印講義，只需要抵達教室後，在教室下載PDF檔，匯入iPad筆記應用程式中，就能在講義上寫課堂筆記。方便之餘，還能省下一筆列印費，達到經濟節約之效，實踐友善環境的無紙化生活。

| 可攜性與便利性 |

　　我的肩膀總算解放了，我再也不用背著專業用書和課堂講義。因為專業用書、課堂講義和筆記都被裝進iPad裡，隨身攜帶。要掃描這些東西固然繁瑣，

但一次掃描完，不但能減輕包包重量，還把重要的內容直接匯入筆記裡。

還有，我上課碰到不記得的內容時，我能因應需要，叫出上一堂講義，快速召喚回憶，超方便。

｜利用多工任務的拖拉｜

我會邊搜索GoodNotes筆記，邊學習法律條文。碰到需要對照重要的法律條文時，我不需要另外手寫，只需藉由「拖與拉」功能把法律條文複製到數位筆記上學習。如此一來，我不用邊複習邊翻法典，這使我的學習效率有了戲劇性進步。

不僅是法律條文，在Safari裡搜索的內容也用「拖與拉」功能輕鬆轉換成GoodNotes檔案。通過複製、貼上與截圖功能，能大幅提昇寫筆記的效率。

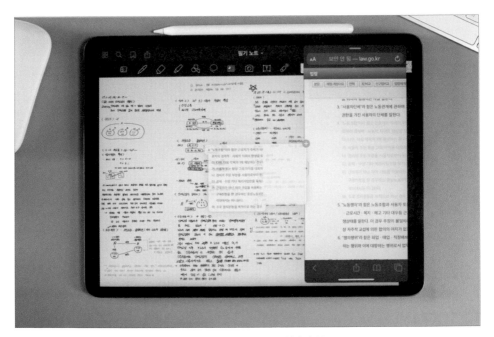

<圖5-10> 用拖與拉匯入圖檔與文件

以上都是我用iPad寫課堂筆記時感受到的優點。不過，有優點就有缺點，現在我要聊的是我用iPad學習兩年所感受到的缺點。

2-1-2 iPad學習的缺點

｜缺乏紙本書的感性｜

iPad筆記無法感受到紙本書獨有的質感與沙沙書寫的模擬感性不足，這一點令我深感遺憾。我已經習慣用iPad寫筆記很久了，早已不碰紙本書，但有一次我久違地在紙上寫筆記，書寫感好到我大為吃驚。儘管用數位工具能聰明高效地學習，不過感受不到紙質獨有的感性是數位手帳的缺點之一。儘管我現在適應了，但類紙膜終究無法重現真正紙上感受到的清脆書寫感，有時我會為了類紙膜的滑順感而感到惋惜。

｜初期購買成本｜

買筆記本跟筆花不了多少錢，但想用iPad做筆記就得先買一台昂貴的iPad。初期投資成本高，加上要另購Apple Pencil、iPad保護殼、Apple Pencil筆套和保護膜等多項耗材，費用超乎預期。

｜筆記噪音｜

這項缺點有可能造成龐大壓力，但主要取決於讀書地點。iPad螢幕與筆尖碰觸的噪音比想像中大，假如主要在K書中心或安靜的圖書館閱覽室讀書，說不定會因為寫筆記的聲音而遭人冷眼。事實上，因為寫筆記的聲音太大，我在考試期間只能到咖啡廳讀書。給各位一個參考，購買Apple Pencil筆尖保護套能減緩筆尖磨損速度與噪音。

I 尋找插座與WiFi的浪人 I

iPad是3C產品，不充電就無法使用，Apple Pencil也是。如果附近沒有可充電插座，休想長時間讀書。還有如果各位手上的iPad不是行動網路機型，搞不好會變成尋找WiFi的浪人。考慮到iPad充電時間比手機久，想要長時間讀書，最好提前充電。

I 長時間讀書時的眼睛疲勞度 I

近距離看3C產品，眼睛會痛是正常的。比起紙本書，看3C產品眼睛容易感到疲勞之外，也很傷眼吧？我在考試期間會花十二小時讀書，造成眼睛疲勞。雖說人各有異，不過我建議各位讀書超過六小時以上的話，盡量降低螢幕亮度，還有，記得貼上防藍光保護膜或安裝閱讀專用APP。如果筆記本是白色內頁，會加速眼睛疲勞，長時間讀書，覺得眼睛累了的時候，把筆記本的內頁換成黃或黑色也是方法之一。

2-2 學習英文篇_有效又開心的英文會話與多益

2-2-1 想學英文繪畫的時候，Cake

我很喜歡學習英文會話，現在正在用「Cake」APP學習英文會話。「Cake」是通過電影、電視劇與YouTube影片學習實用英文會話表現的應用程式。因為對英文會話學習很有效，非常地受歡迎。

<圖5-11> 用Cake學習英文會話

　　只要寫下英文句子和解釋，按下不知道的單詞，通過「查找」功能，馬上能搜索句意，非常方便。我用紙本書學習的時候，得一個一個查單字意思，作標記，但用iPad學習的時候，只要點一下就能查找單詞意思，大大地節省查字典的時間。

2-2-2 閱讀理解英文新聞

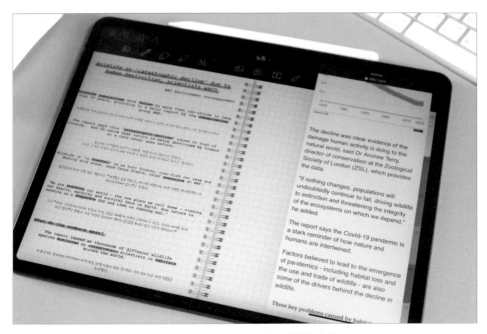

<圖5-12> 以分割畫面同時進行閱讀與書寫

　　為了培養英文閱讀理解能力，我經常邊讀英文新聞或論文邊學習。各位也挑選自己感興趣的英文新聞，邊閱讀邊做筆記怎樣呢？除了能學習到日常英文表達與文法的同時，對我所關心的領域的專業單詞，大有助益。請各位利用iPad的分割畫面功能，一邊是筆記，一邊是英文新聞，邊學邊把新聞上用到的英文剪貼到筆記上吧。挑選自己有興趣的主題學英文，拓展時事知識範圍的同時，又能自我增值。

2-2-3 製造專屬自己的英文單詞本

　　俗話説「英文學得好不好，八成看單詞功底」。由此可見，英文單詞學習非常重要。請各位在學完英文後，把不知道的單詞寫到單詞本上，另存到手機裡複習。假如寫在紙張或便條紙很容易弄丟或撕裂，且不方便隨身攜帶，但自己能好好地整理出一本英文單詞本，就能輕鬆一點。由於PDF檔具有OCR功能，能識別文字，整理好的英文單詞PDF檔能通過搜索功能，即時查找單詞意思。當然也可以用手機查單字，不過用iPad邊做筆記邊查單字，能同時提高讀書的品質與效率。另外，通過Apple Pencil的「文字識別功能」，可將手寫的英文單詞轉換成文字檔，實現清楚、整潔的筆記。

<圖5-13> iPad英文單詞本（左）、智慧型手機英文單詞本（右）

如<圖5-13>所示，我會把iPad作為查找、背誦單詞的主力，同時我也想用手機看我背不下來的單詞，於是我會另外整理一本單詞本。像這樣，我完成了我隨時隨地都能看的專屬單詞本。各位也體驗一下iPad應變性與智慧型手機的可攜性帶來的綜合效果吧。

PART

5

只使用GoodNotes嗎？
介紹根據不同目的，
更方便使用的筆記本應用程式

在這一部分，我除了GoodNotes之外，會介紹其他幾個有用的筆記應用程式。考慮到版面不足，一一詳盡說明所有功能過於冗長，是以我只會說明基本功能、該應用程式的特色及優缺點。關於這幾個應用程式的詳盡說明與本書出版後的應用程式更新版相關內容，我會另外發佈在「SHARKY KOREA」YouTube頻道。

如果您是愛書人士？
MarginNote：
書籍整理的首選

Sharky

　　很多人會在讀書的時候在重要內容上畫線，我想應該是學生時期養成的習慣吧。我也是這樣的。在我思考要怎麼樣可以不用重翻書本，只看畫線重點時，我找到「iThoughts」心智圖應用程式。

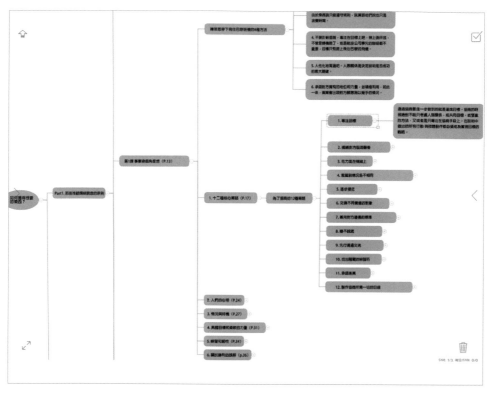

<図6-1> 用心智圖整理出的部分複雜圖書

　　可是，這個應用程式有優點也有缺點。缺點是書中內容得一一用鍵盤打出來，整理重點耗時。我苦思惡想有沒有比鍵盤打字，或利用蘋果的Siri聽寫功能更快整理重點的方法，未果。認栽的我明知要花很長的時間，我還是會認命地把重點一個個打下來，或用Siri聽寫功能輸入我想記下的重點。直到某一天，我找到了一個名為「MarginNote」的應用程式。我試用過後，終於從此擺脫製作心智圖的困擾。

　　我說明一下為何我認為心智圖是最頂尖的書籍整理方式。首先，在App Store裡有幾個不同版本的MaginNote應用程式，像是可免費下載的MarginNote2、需要付費的MaginNote 2 Pro，以及我下面要說明的

MaginNote 3。價格因應各國政策而變，各位購買前請先確認。MaginNote 無法導入圖書訂閱制服務的專用應用程式[1]裡的電子書，只能導入本人購買實體書後親自掃描的PDF檔，或者是學校、公司相關的PDF文件。除了PDF檔之外，MaginNote雖然不能導入專用應用程式裡的ePub檔，但可以導入open ePub。我先說明如何把檔案導入MarginNote。

1-1 導入檔案 ▶

請各位點擊螢幕右上方的導入選擇導入檔案位置，再選擇[從檔案添加文件]。

<圖6-2> 導入檔案（1）

1　類似台灣博客來有自己的電子書閱讀應用程式，韓國書店也有各自的電子書閱讀應用程式。

| 導入Margin Note 01 |

　在跳出來的[最近項目]（Recents）裡會顯示最近使用過的文件。此時，請各位點選最下方的[瀏覽]（Browse），打開iCloud Drive，找出儲存PDF檔的資料夾。

<圖6-3> 導入檔案（2）

| 導入MarginNote 02 |

　我個人把檔案存在「文件」裡，所以我進入「文件」資料夾，選取該檔案並導入。

<図6-4> 導入檔案（3）

| 導入MarginNote 03 |

　　各位選好文件之後就能開啟文件使用。接著，我們了解一下功能選單。一個不小心會造成混淆，想成從桌電裡叫出文件就行了。

1-2 Document選單　　　　　　　　　　　　　　　▶

　　Document區指的是收集PDF檔的空間，想成書房就行了。各位可以在書房裡直接保管不同領域的書，或是像我一樣編輯書籍分類，按資料夾分類管理檔案。

1-2-1 新建資料夾

　　資料夾管理由「Folder」資料夾負責資料夾管理。選取Folder資料夾就能查看資料夾。

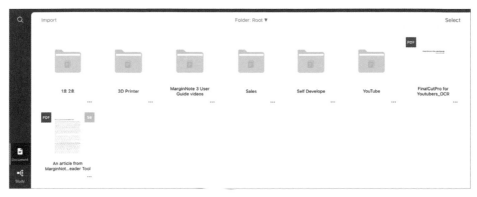

<圖6-5> 新建MarginNote資料夾

| 新建MarginNote資料夾 |

　　點擊左方資料夾的圖示，就能新建資料夾，接著決定資料夾的名稱後，再按下[確定]。

<圖6-6> 追加MarginNote資料夾

1-2-2 修改資料夾

在右下方點選[選擇]，選擇想修改的資料夾，接下來按下列選單所示，選取想要的操作指令執行即可。

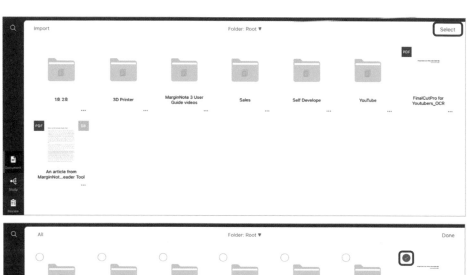

<圖6-7> 修改MarginNote

點擊資料夾下方的 [⋯] 可以移動，上傳iCloud、重命名與刪除文件。

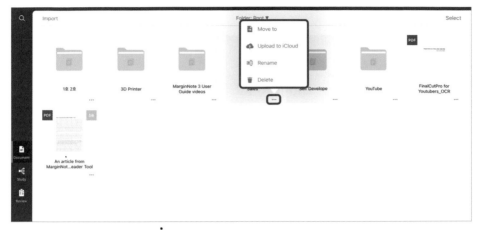

<図6-8> 管理MarginNote資料夾

1-3 導入書籍

導入要讀的書，在上面寫筆記，用螢光筆塗重點。接著我們選取書籍，看一下讀書會用到的功能選單。在選取鉛筆狀圖示後會出現許多圖示，依序說明如下：

❶ **還原動作**：取消最後一個動作時使用

❷ **回到下一個動作**：取消還原指令時使用

❸ **移動畫面**：在放大頁面後，想移動螢幕畫面時使用

❹ **多功能螢光筆**：可使用螢光筆功能，並且追加額外任務

❺ **選取區域**：選取區域，添加任務時使用

❻ **選取任意區域**：使用者想選取任意區域，而不是矩形區域時使用

❼ 摘錄設置：用於配置多種摘錄

❽ 筆：寫字時使用

❾ 螢光筆：普通螢光筆

❿ 橡皮擦：擦除筆跡或螢光筆跡時使用

⓫ 追加文本框：想追加文字時使用

⓬ 選擇標註（Annotate）：選取手寫字、螢光筆和文字後可以移動

⓭ 選擇心智圖：轉換成學習模式時使用

⓮ 搜索功能

⓯ 書籤功能

⓰ 其他

<圖6-9> MarginNote筆選單

其他功能選項如下：

⑯-1	轉到學習模式	⑯-7	轉到指定頁碼
⑯-2	導出（分享）功能	⑯-8	添加書籤
⑯-3	朗讀	⑯-9	裁邊、留白
⑯-4	閱讀樣式	⑯-10	插入、移除PDF
⑯-5	豎向、橫向閱讀	⑯-11	工具欄可隱藏
⑯-6	雙頁閱讀模式	⑯-12	停止使用Apple Pencil

<圖6-10> 其他選單功能選項

1-4 Study選單 ▶

　　我把Document資料夾的書籍整理成心智圖之後會放到Study裡，想成是存放完成版心智圖的空間就行了。Study選單跟Document選單幾乎是一樣的，可編輯分類，在選取右上角[選擇]選取文件後，也可執行刪除、複製、協作心智圖和修改分類的指令。

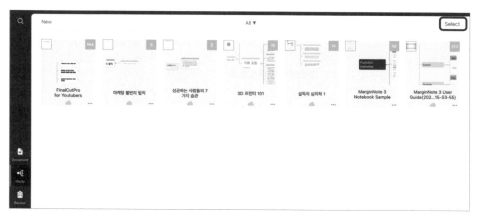

<圖6-11> MaginNote閱讀筆記選單（1）

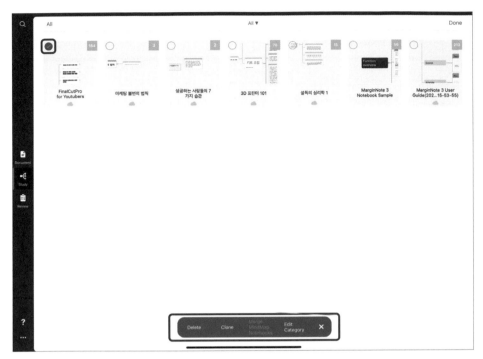

<図6-12> MaginNote閱讀筆記選單（2）

1-5 心智圖的製作方法 ▶

在Document資料夾中選擇一個文件，開啟文件，再選取右上角的USB圖示，就會進入學習模式。

<圖6-13> 進入MarginNote心智圖

利用導入書籍選單的摘錄（Excerpt）建立心智圖。

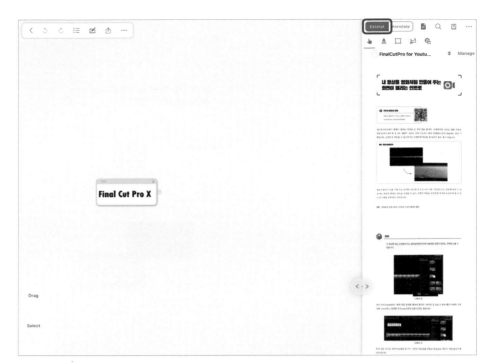

<図6-14> 選取心智圖摘錄

　　先製作一個心智圖的主腦，然後往下層級延伸。可根據使用者方便性，製作一個或多個Root。我個人偏好單一Root，所以只建立一個Root。圖片中的範例用書是YouTuber南詩安（音譯），介紹剪輯影片的《使用Final Cut Pro X剪輯YouTube影片》（파이널 컷 프로 X으로 시작하는 유튜브 동영상 편집），BJ Public出版社出版。

　　左邊是心智圖區，左右區可交換擺放。右撇子可利用Apple Pencil調整設定，將書檔放在右邊更順手。

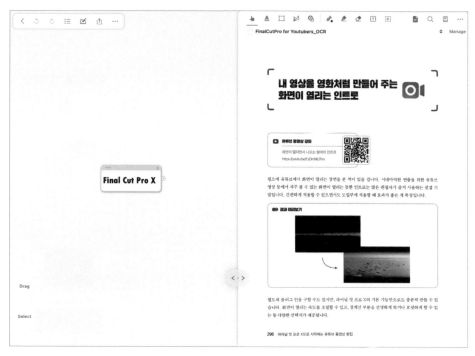

<図6-15> MarginNote佈局

如果想把書籍部分傳送到心智圖區（主腦圖區），那麼請選取上方的[文本選擇]選項，用Apple Pencil指定區域後移開，會自動移到心智圖區域。

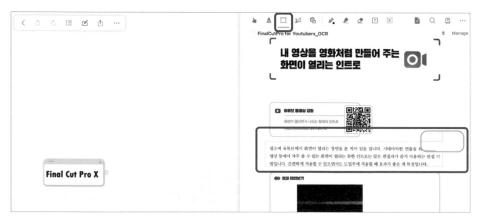

<圖6-16> 設定MarginNote心智圖區（1）

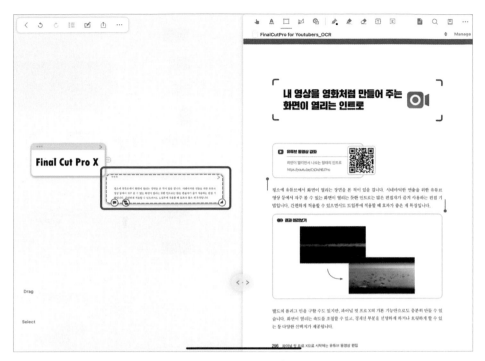

<圖6-17>設定MarginNote心智圖區（2）

當使用者選取區域時，心智圖區會立刻產生新文本。各位請自行設計排版，按個人風格修改心智圖區。

接著如圖所示，我喜歡按章節分類，因為像目錄一樣排列順序，清晰明瞭，但沒人規定一定得這樣做，各位按自己的方式整理就行了。

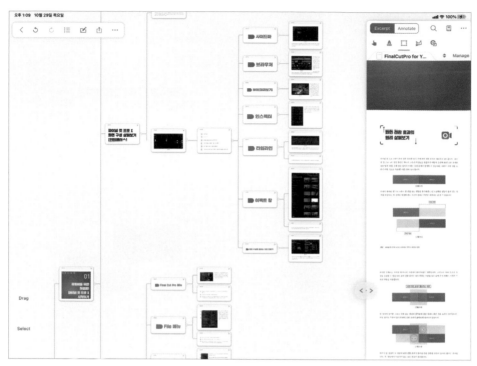

<図6-18> 完成的心智圖

∣用影片製作心智圖∣

MarginNote的製作影片心智圖功能並不多見。首先，我們先導入（Import）想要的影片，可以選擇一個或多個影片。可導入以製作全新的心智圖，也可以直接添加到現有的心智圖中。

第一步是導入想要的影片。導入影片的方法跟導入PDF檔案是一樣的，選取功能選單裡的「從相冊添加視訊文件」（Add Video Document from Album），再選擇iPad內存的影片，點擊完成（Done），就可以看見影片被導入資料夾（Document）中。

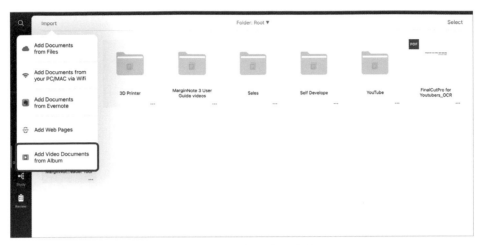

<圖6-19> 用影片製作心智圖（1）

<圖6-20>用影片製作心智圖（2）)

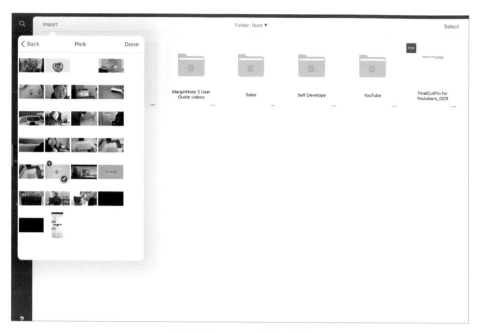

<図6-21> 用影片製作心智圖（3）

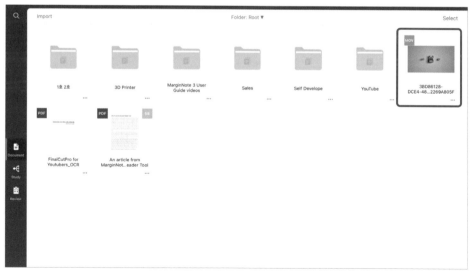

<図6-22> 用影片製作心智圖（4）

在選好影片之後，就像先前建立心智圖一樣，選擇USB圖示，切到學習模式。設定新筆記本的主題（名稱）。

<圖6-23> 設定MarginNote新筆記本的主題

用筆或手指指定想要的區域，拖拉到心智圖區，然後用相同的方法選取不同區域，拖到想要的區域，使之產生連結，就能產生心智圖。

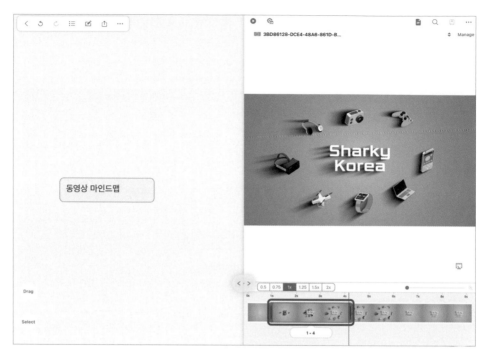

<圖6-24> 設定MarginNote（1）

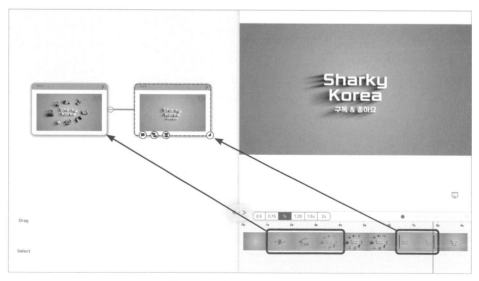

<圖6-25> 設定MarginNote（2）

至於添加到現有心智圖的方法就是，在書籍區右方選擇管理，查看所有文件。在選取影片之後，上方會出現新標籤，選取新標籤就能出現影片。接下來是執行先前一樣的步驟，把影片添加進去就行了。

此外，我們也能導入其他書，把多本書彙整成一個心智圖。點擊管理鍵旁邊的上下三角形圖示，會跳出一個視圖、二個視圖和三個視圖，可按第一層、第二層、或第三層查看文件庫內容，按層級閱讀不同的書。

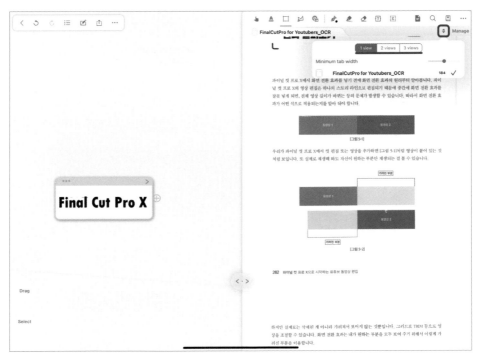

<圖6-26> MarginNote分割畫面（1）

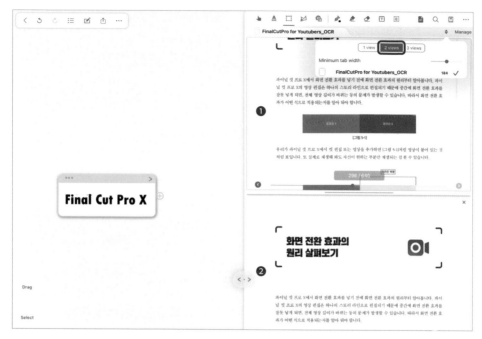

<圖6-27> MarginNote分割畫面（2）

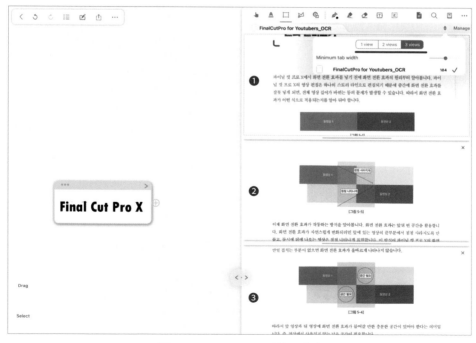

<圖6-28> MarginNote分割畫面（3）

1-6 複習（Review）

　　複習（Review）模式的介面跟Document和Study相同，因此省略不談。MarginNote可用抽認卡（Flash card）複習製作好的心智圖，對讀書大有裨益。我們實際製作一下《使用Final Cut Pro X剪輯YouTube影片》這本書的問與答。

<圖6-29> MarginNote 複習模式

　　點擊上方播放模樣的三角形，就能播放以心智圖為資料庫的抽認卡。

<図6-30> MarginNote複習模式的問題

以提問形式出現，點擊或在右上方按翻轉（Flip），就會顯示答案，以確認《使用Final Cut Pro X剪輯YouTube影片》的建議事項。

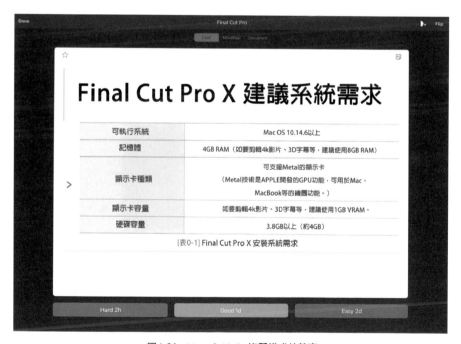

<図6-31> MarginNote複習模式的答案

我們可以看出使用這種方式複習，當事者肯定學習內容下了很大的功夫。我認為這對學生的學習有實質助益。

1-7 MarginNote的優缺點 ▶

以上是MarginNote的基本功能與使用方法的簡單介紹，最後我想告訴各位我認為的MarginNote的優缺點。

| 優點 |

- 可以用心智圖的形式整理書籍。
- 縱使不是心智圖形式，也能在書籍上做筆記或用螢光筆劃記。
- 也能製作影片的心智圖。
- 可以用抽認卡形式複習整理好的內容。
- 可以一次整理好多本書籍。
- 有MacOS版，可以在PC上使用，通過iCloud同步。
- 可以共享其他心智圖、Evernote和Word文件。
- 就算文件沒有光學字元辨識（OCR），也能用九國語言識別字元（英語、法語、德語、義大利語、日語、韓語、中國語、葡萄牙語及西班牙語）。
- 新建資料夾數不限。
- 可選擇單頁或雙頁。

| 缺點 |

- 心智圖只能導向一個方向。
- 光學字元辨識需月訂閱制或年訂閱制才能使用。

如果您是大學生？
LiquidText：
看論文的必備應用程式！

CHAPTER
02

Sharky

　　LiquidText的特色在於連結性。書籍與書籍、書籍與筆記、筆記與筆記之間相連，可追蹤相同的主題。在我們讀書或看論文的時候，優秀的連結功能的作用會發揮到淋漓盡致。下面我們正式地了解一下LiquidText。

2-1 LiquidText基本功能選單　　

　　LiquidText的功能選單只有少少的一頁。左方是導入書籍文件的Open Document；中間是目前導入的圖書檔案。

❶ 導入檔案功能。

❷ 導入網頁功能。

❸ 導入相簿或資料夾裡的圖片。

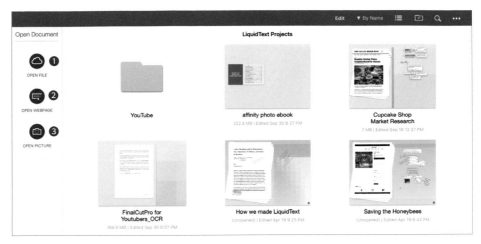

<図6-32> LiquidText導入的功能選單

右方的功能選單是：

❶ 共享、刪除或移動文件的Edit。

❷ 選擇依名稱或日期排序。

❸ 選擇縮圖或列表呈現。

❹ 添加資料夾。

❺ 搜索。

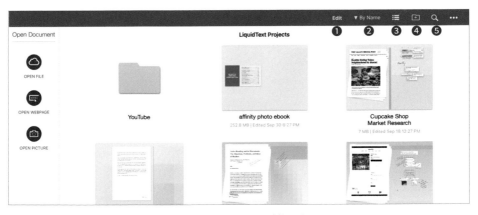

<図6-33> LiquidText功能選單

還有，點擊右上方的 [⋯]，會有進階選單：

❶ 聯繫客服中心。
❷ FAQ。
❸ 設定。

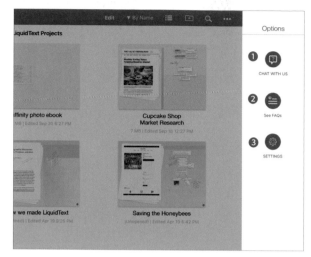

<圖6-34> LiquidText進階選單

開啟文件會出現各種功能如下：

❶ 集中重點功能。
❷ 插入文字。
❸ 修改文件名稱／
　旋轉頁面。
❹ 搜尋文件。
❺ 文件集中區。
❻ 當前頁面的文件
　名稱。
❼ 添加文件。

<圖6-35> 功能選單（1）

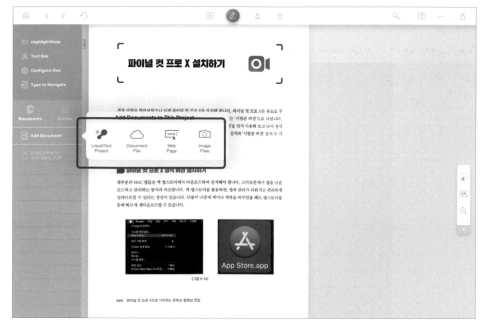

<图6-36> 功能選單（2）

上方是一般與手寫相關選單。

① 回到首頁　　　　　　⑦ 橡皮擦

② 回上頁／到下頁　　　⑧ 搜尋

③ 取消指令　　　　　　⑨ 幫助

④ 插入文字　　　　　　⑩ 進階選單

⑤ 筆　　　　　　　　　⑪ 共享文件

⑥ 螢光筆

<圖6-37> LiquidText上方選單

進階選單讓使用者在使用應用程式的時候能設定進階細節。

❶ 左撇子排版
❷ 分割畫面
❸ 設定手指繪畫
❹ 手寫筆雙擊設定
❺ 筆畫種類設定
❻ 手寫筆捲動設定

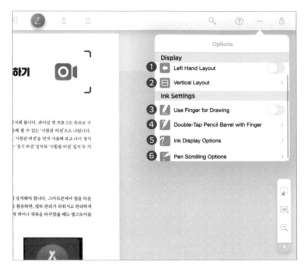

<圖6-38> LiquidText功能選單

右方的功能選單是其他不常用到的設定，以下一併説明：

❶ 設定自由選取範圍
❷ 插入文字框
❸ 配置工作區
❹ 放大畫面

<圖6-39> LiquidText進階選單

2-2 實戰運用 ▶

下面我們要實際了解使用LiquidText的方法。LiquidText的基本動作是拖與放。請各位選取自己想擷取的書的範圍，拖進筆記本。

| 新建摘錄 |

如上所述，把指定的書本範圍拖入筆記本區就行了。各位可自由移動摘錄區，也可與其他摘錄作連結。另外，點擊摘錄左方三角形，可呼叫出該摘錄的相應頁面。

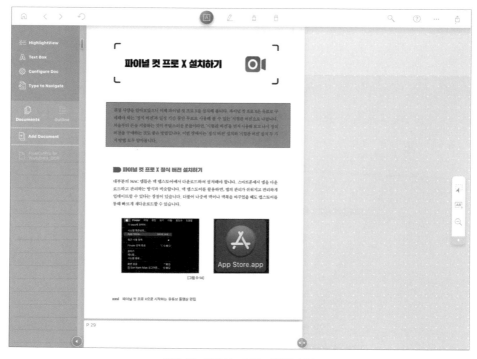

<圖6-40> 建立LiquidText摘錄（1）

<figure>〈圖6-41〉建立LiquidText摘錄（2）</figure>

| 連結 |

LiquidText的最大功能之一是連結（Link）功能。不管是用手寫筆或是手畫線，都能將書和摘錄或摘錄和摘錄之間作連結。在連結完成後，日後點擊連結，就能輕鬆找到相互連結的內容。

<figure>〈圖6-42〉LiquidText連結功能</figure>

| Pinch |

　　LiquidText擁有其他筆記應用程式中沒有的功能之一，就是跨頁功能（Pinch）。使用者用兩指夾住想選取的範圍，能使中間的內容就像消失般，可在同一個畫面上看見想看的不同的兩頁。跨頁功能避免掉來回捲動查找上下文的麻煩，非常方便。

　　不過我很難用靜態圖展示使用跨頁功能，各位請留意下方圖片的頁數，從第二十三頁直接跨越到第三十三頁。這是用兩指夾起併藏匿第二十四頁到第三十二頁後會出現的模樣。

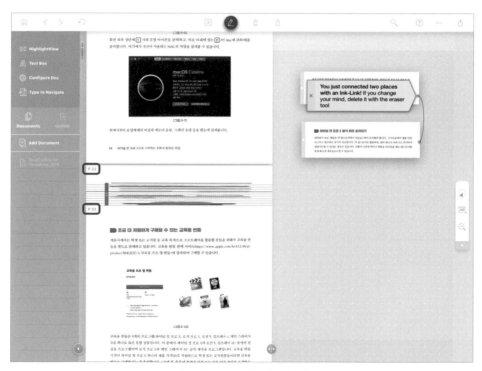

<圖6-43> LiquidText跨頁功能

｜畫重點｜

　　儘管畫重點不算特殊功能，但LiquidText的畫重點有自己的優勢。在LiquidText畫好重點之後，可以只看畫重點的地方。在左方選擇重點區跨頁瀏覽後，就能輕鬆地只看重點。如果這樣子說，各位還是無法理解的話，請參考下面圖片以助理解。

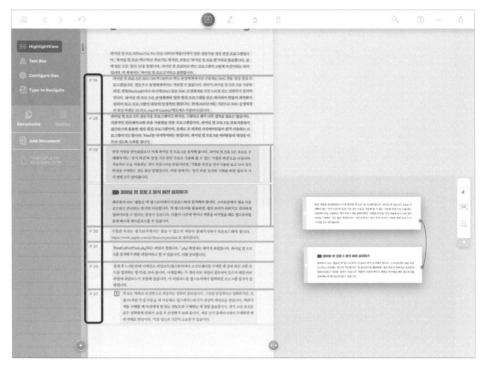

<圖6-44> LiquidText重點

　　以上我們了解了LiquidText的基本功能。它能將摘錄內容與書籍內文作連結；跨頁重點瀏覽功能能輕鬆確認文件內容；重點瀏覽功能讓整理書籍與論文毫不費力。LiquidText這個出色的應用程式能加快我們整理書籍的速度，省時省力。

用功的學生一定要用的
Flexcil

Sharky

　　Flexcil是本書中唯一由韓國企業開發的應用程式。由於是韓國企業開發的，說是最適合韓國學生讀書之用也不為過。最近Flexcil正在更新Flexcil 2，進行Beta功能與穩定性測試。我提前試用了測試版新功能與更新部分（二〇二〇年十月為準）。本章內容是根據Flexcil 2編寫，但它目前還為Beta版，或許與日後的正式版會出現落差，在此提前告知各位。

　　Flexcil 2增加或擴充的功能整理如下：全新UI＆支援最新的UX和Phone、iCloud同步、在文字後方的螢光筆功能、縱向滾動、文件模版（template）、全屏觀看／文件標籤、改善手寫筆工具列、查看多頁、直線筆、直線螢光筆、自由線條套索工具、編輯PDF大綱、旋轉頁面、超連結、整合筆記本與PDF的概念等等。所以，雖然在這本書裡Flexcil更新版尚未臻完美，但我還是會以Flexel 2的UI（User Interface）為基礎進行說明。

3-1 匯入文件

▶

Flexcil的匯入文件分成兩大類,一是匯入存在iPad裡的文件,一是這次新版本增加的匯入雲端文件,可匯入Box、Dropbox、Google Drive、OneDrive與WebDav文件。

<圖6-45> Flexcil匯入文件

3-2 基本UI

Flexcil的介面採直觀設計，不知道是不是因為韓國企業開發之故，我正在試用的UI相當簡潔俐落，即使不說明，一看就能懂。

❶ 搜索：要尋找PDF檔案或筆記的時候使用。

❷ 文件：能看見Flexcil內儲存的所有文件（PDF檔與筆記）。

❸ 垃圾桶。

❹ 文件：能匯入iPad內儲存的文件。

❺ 連結雲端：能匯入雲端空間Box、Dropbox、Google Drive、OneDrive與WebDav的文件。

❻ 最近使用：最近使用過的PDF檔案或筆記清單。

❼ 常用文件：常用的PDF檔案或筆記清單。

❽ 設定。

❾ 幫助。

❿ 隱藏功能選單：用在想隱藏功能選單，看整個文件的時候。

⓫ 確認全部的PDF檔或筆記。

⓬ 修改PDF檔名；複製、移動、共享與刪除PDF檔。

⓭ 筆記清單。

⓮ 列表或縮圖查看。

⓯ 新增資料夾、速記、新增筆記、匯入檔案、連結雲端空間。

<图6-46> Flexcil的基本UI

3-3 PDF檔案UI ▶

接著我們來看匯入PDF檔案時的UI，我認為這種介面設計非常適合用在學習，功能選單如下。

❶ 回上頁：用完文件，返回最初UI時使用。

❷ 新增或刪除頁面：可以添加或刪除文件，也可以從其他資料夾中匯入文件

❸ 新增筆記

④ 選取手寫筆模式／筆觸手勢模式

⑤ 搜索功能：搜索文件內文字時使用

⑥ 瀏覽設定：捲動方向、頁面瀏覽、閱讀選項、手寫筆工具、筆觸手勢設定時使用

⑦ 頁面導航，確認文件檔名、標籤與註解等

<圖6-47> Flexcil PDF檔案UI

3-4 書寫與筆觸手勢功能

上面介紹過了基本UI，接下來我們要了解的是書寫與筆觸手勢功能。

① 手寫筆模式：最多可有四十種筆與螢光筆。

② 橡皮擦。

③ 尺（Ruler）模式：用筆畫出來的線會如用尺般整齊。

④ 文字模式。

⑤ 拍照與編輯圖片。

⑥ 套索模式：可選擇字體、螢光筆或移動文字的功能。

<圖6-48> Flexcil手寫筆模式功能選單

點擊右上角像是三條線的圖示會出現的功能選單：

❶ 頁面導航：看大綱。

❷ 綱要：看列表。

❸ 標籤。

❹ 註解。

<圖6-49> Flexcil進階功能選單

3-5 Flexcil的功能

　　學習筆記是Flexcil的特有功能。透過清單中叫出或用三根手指往上滑，就能叫出筆記。這時候，在要學習的文件裡選擇文字，把文字拖拉到筆記中，就能複製到筆記裡。

　　這時候，複製好的文字左方會出現藍色連結模樣，在點擊連結後就能移動到原文所在頁面。筆記本沒有新增上限值，假如PDF上沒有寫筆記的地方，改寫在筆記本就行了。

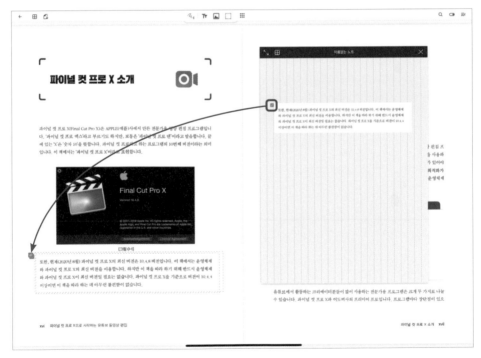

<圖6-50> Flexcil筆記連結

3-6 尾聲 ▶

　　Flexcil是適用於讀書學習的應用程式，尤其適合韓國的國高中與大學生。加上它可以設定四十支筆與螢光筆，我推薦給喜歡寫乾淨又好讀的筆記的人。除了PDF檔案之外，它也能整理筆記與註釋，方便日後溫習之用。只看筆記本功能也很有用。

　　此外，Flexcil近期能支援iCloud同步，並且預計將推出Android版本（也許各位看到這本書的時候已經有了）。最後我個人認為，如果Flexcil能加入錄音功能，就是一個完美的應用程式。

上課和開會時綻放光彩
的Notability

CHAPTER

04

Sharky

　　我經常使用Notability，特別是碰到說明會或開會有需要重聽的內容，我一定會用它。因為Notability有出色的錄音功能。它的錄音功能優秀到足以原諒它其他缺點，接下來我們來了解有著優秀錄音功能的Notability的功能選單。

4-1 基本功能選單　▶

　　首先來看執行應用程式時的基本功能選單。螢幕左方顯示為主題窗口，右方是相對應主題的筆記。Notability與其他應用程式不同，它不能無限新增資料夾。，因此不能按我原本的分類方式區分主題，我只能盡量減少主題數。

❶ 編輯：編輯主題時使用。

❷ 分享：分享筆記時使用，可選取多個筆記。

❸ 加入主題：添加主題或想主題分組的時候使用。

❹ 搜尋：搜尋時使用。

❺ 匯入：從雲端空間匯入文件或掃描文件時使用。

❻ 新增筆記：新增筆記時使用。

❼ 設定：要設定時使用。

❽ 商店：可透過Notability自營商店購買主題或筆記等等。

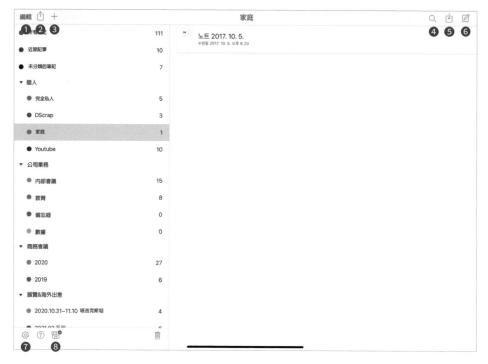

<圖6-51> Notability基本功能選單

我認為這是本書中介紹的筆記應用程式中，最簡單的基本功能選單。

4-2 筆記功能選單　▶

接著，我們來看打開筆記時的功能選單吧。

❶ **回上頁**：回到首頁時使用。

❷ **分享**：分享筆記時使用，分享筆記時供多種檔案與圖檔類型選擇。

❸ **還原**：還原至上一個動作時使用。

❹ **文字模式**：插入文字時使用。

❺ **手寫筆模式**：寫字時使用。

❻ **螢光筆模式**。用螢光筆時使用。

❼ **橡皮擦**：擦除字跡或螢光筆筆跡時使用。

❽ **套索**：選取文字或螢光筆時使用。

❾ **選擇模式**：用Apple Pencil或手指上下翻頁時使用。

❿ **錄音功能**：錄音時使用。

⓫ **插入媒體**：插入各種媒體檔案時使用。

⓬ **選項**：設定紙張或瀏覽方式時使用。

⓭ **搜尋頁面**：搜尋全部頁面或書籤時使用。

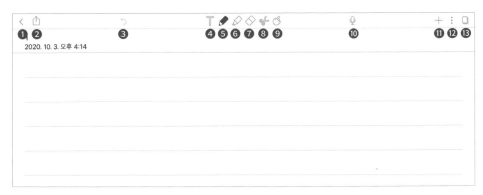

<圖6-52> 筆記功能選單（1）

插入媒體的進階選單如下：.

⓫-1 相片庫：匯入相簿有的圖
　　 片時使用。

⓫-2 相機：使用直接拍照的照
　　 片時使用。

⓫-3 文件掃描：掃描文件或名
　　 片時使用。

⓫-4 GIF：匯入GIF檔時使用。

⓫-5 網頁剪輯：匯入想要的網
　　 頁時使用。

⓫-6 便利貼：新增便利貼時使
　　 用。

<圖6-53> Notability功能選單（2）

Notability最富特色的重點功能就是「錄音」。上課時可邊記筆記邊錄
音，很適合用於寫課堂筆記或會議記錄時。我們再深入了解一下錄音功能。

<圖6-54> Notability錄音功能

4-3 錄音功能

在做筆記的時候點擊上方麥克風圖示就能錄音，錄音檔與筆記對應同步保存。錄音時，麥克風旁出現下箭頭圖示，點擊該圖示，就會顯示錄音檔播放欄，按下播放鍵，能播放錄好的內容。

另外提供0.7～2倍音頻速度選擇，且能後退十秒，碰到聽不清楚的地方，可以重聽。拖動「圓點」可瀏覽錄音檔進度，跳到錄音當下添加的筆記內容。這是Notability的重點功能，也是我為什麼棄其他筆記應用程式不用，偏愛Notability的原因。通過齒輪圖示，可調整音量大小，而右方的波長圖示可用來打開錄音列表，對錄音檔1、2和3進行編輯。

4-4 活用錄音功能

課堂筆記

課堂筆記是最棒的複習利器。複習時可使用倍速播放錄音檔，反之，要追加筆記時可放慢倍速。還有，複習時可以靠錄音檔重聽上課時聽不懂的部分，相當有用。

4-5 Notability筆記功能選單

4-5-1 Notability的優缺點

| 優點 |

- 錄音追蹤功能：我使用Notability的最大理由，可說就是因為這個功能。邊錄音邊寫筆記，之後可聆聽錄音檔觀看相關筆記。
- 錄音追蹤功能：我使用Notability的最大理由，可說就是因為這個功能。邊錄音邊寫筆記，之後可聆聽錄音檔觀看相關筆記。
- 可利用拖與拉功能移動文件。
- 已推出PC版與MAC版，可與iPad同步使用。

| 缺點 |

- 由於能建立的資料夾數有限，文件管理不易。
- 在Notability使用有超連結的GoodNotes模板，在GoodNotes上只需要點擊一次，在Notability要點擊兩次。

| 結論 |

　　對某些需要聲音與文字對應，找到錄音時寫下的筆記的人，像是企業家、行銷營業員與學生等等，我個人強力推薦Notability，我就是因為Notability的錄音功能才使用它。

把我看過的書全部收
進iPad吧！關於Book
Scan的一切！

CHAPTER
05

Sharky

現在用手機和平板電腦看書的人變多了，好處就是我們不用再扛著重得要死的書，卻能走到哪看到哪。在智慧手機問世之前，我已經會用PDA看書，iPad一問世，我早就把所有藏書掃成電子檔存進iPad閱讀。

這種掃描實體書行徑就叫做「掃書」。迄今為止，我還是會購買實體書，對電子檔進行編輯後放入iPad裡。為什麼我要麻煩地買書、編輯電子檔後放進iPad呢？

我會這樣做的最大理由就是，我買的書沒有發行電子書。向銷售商購買電子書會被限制，只能使用銷售商的專用軟體閱讀，也會碰到無法把購買的電子書匯入我自己的筆記應用程式使用的問題。除了上述原因之外，能不限時地地閱讀也是我掃書的原因。iPad的容量足夠容納數十本，甚至數百本書。

我的YouTube頻道最常收到的提問之一是，在出版社購買的電子書沒辦

法匯入GoodNotes那些應用程式，或是問我要怎麼作才能在筆記應用程式上看電子書。結論是不可能的。這就是我會辛苦地掃書與編輯電子檔的原因。

5-1 自行掃描vs 代客掃描 ▶

掃描有「自行掃書」，也就是親自購買裁紙機和掃描器進行掃描，也有代客掃書。自從iPad被研發之後，出現了許多代客掃描公司，我碰到重要書籍或需要專業掃描的時候，還是會拜託掃描公司替我掃描。

代客掃描公司會使用專業掃描器掃描，掃描的品質跟自己在家掃描的品質天差地遠。此外，掃描後如需保存原實體書，他們也提供復原書籍服務。

想獲得復原書籍服務就一定要委託代客掃描公司嗎？並不是。很多時候，我親自掃描後需要還原原實體書，所以有過很多次委託復原書籍的經驗。碰到需要復原書籍的情況，我在掃描時會避免裁破實體書封面，在掃描後支付一定的費用，請社區代客掃描公司幫忙復原書籍（為了避免弄破封面，我在後面會介紹裁書方法）。那麼到底是自己掃書好，還是找代客掃描公司呢？我們先了解掃描過程，再行作結。

5-2 選擇裁紙機 ▶

如果決定不找代客掃描公司，要親自掃描書籍的話，首先要買兩樣東西——裁紙機與掃描器。各位根據個人所需掃描條件決定購買哪一種裁紙機就

行了。愛看小說或小本書的人購買一般大小的裁紙機即可，相對地，愛看又大又厚重的書的人可購買大尺寸的裁紙機。不過，假如買來不是供工作室或辦公室之用，普通家庭購買大型裁紙機有可能造成困擾。我建議購買適當大小的裁紙機，碰到想掃描厚重書籍時，分多次掃描。

而如果購買太小的裁紙機，裁紙耗時久，因此必須找到適當大小的裁紙機才行。搜尋裁紙機的時候，裁紙機會註明能剪裁的書本最大尺寸與最大厚度，購買最適合自己的書本尺寸的裁紙機就可以了。在此我給各位一個小訣竅，買比起自己所需掃描條件大一點點的裁紙機，這樣裁紙機的使用壽命才能長久。右圖是我使用的現代事務用裁紙機，我使用得得心應手的A3型號。

<圖6-55> 現代事務用裁紙機

5-3 掃描器種類 ▶

據我所知，掃描器分為兩種，一是破壞式掃描器（接觸式掃描器），一是非破壞式掃瞄機（非接觸式掃瞄機）。顧名思義，破壞式掃描器是裁開書後，書頁與掃描器直接接觸後掃描。非破壞式掃瞄機則是在不破壞書的狀況下，用遠端感應器進行掃描。

假如是自己購入實體書後，進行掃書，可使用破壞式掃瞄器，但如果是借來的限量版或絕版書，應該使用非破壞式掃描器進行掃描。

| 破壞式掃描器 |

通常被稱為掃描器的是破壞式掃描器，會放入單頁或雙頁書頁進行掃描。破壞式掃描器大致分為單面掃描器和雙面掃描器。假如沒有購買單面掃描器的特別需求，買一般的雙面掃描器或是複合事務機較好。

破壞式掃描器的優點是能自動掃描單頁，掃描速度快，加上和掃描感應機直接接觸，掃描成品畫質較好。我建議喜愛閱讀的人購買專業掃描器，不過如果是偶爾掃描，又想兼具列印功能，買可以雙面掃描的複合事務機。

<圖6-56> 雙面掃描器和具有雙面掃描功能的複合事務機

| 非破壞式掃描器 |

雖說非破壞式掃描器早已上市，卻因價格昂貴，加上得靠人力才能掃描每一頁紙，鮮為人知。隨著iPad的普及、人們對於自行掃描的關注度變高，以及希望掃描書籍時不傷及書的需求增加，非破壞式掃描器的人氣越來越高。再者，掃描器技術平均水準提高，價格下滑，需要自行掃描的新手數上升，非破壞式掃描器銷售量呈現逐年增長趨勢。

<図6-57> CZUR Aura掃描器　　　　　　　<図6-58> CZUR ET2000

5-4 正式開始掃描

| 裁剪 |

在裁剪之前必須決定的事情：在掃書之後，要丟還是要復原實體書。如果是前者，那麼直接撕掉封面也無妨；如果是後者，拆封面時不要傷到封面。

<図6-59> 拆封面的時候不傷到封面

<圖6-60> 剪裁書籍（1）

<圖6-61> 剪裁書籍（2）

拆書不傷及書的方法是，先翻開書本前面，一手放在書上，一手按住封面，在撕完後翻到背面，如法炮製拆背面，書封會自然脫落。接著，準備好裁紙機，把書剪裁好。假如裁紙機能一次裁減整本書，那麼就一次性處理好，反之，就依序撕書剪裁。順帶一提，各位到YouTube搜尋「Sharky Korea掃描」（샤키코리아 스캔），就能在影片看到撕開封面的方法。

5-5 PDF vs JPG

在剪裁完成後放入掃描器掃描就行了，這時候得決定電子檔的格式，要輸出PDF檔或JPG檔。我偏好輸出JPG檔，再轉為PDF檔。

我會這樣做的原因是，我之前使用的E公司的雙面掃描器，要一張一張地供紙，但偶爾不小心供了兩張紙，而我輸出的又是PDF檔時，我不得不全部重頭來過。所以後來我養成先輸出JPG檔，沒掃描好的部份另外補檔，再把全部檔案轉檔成PDF。這樣做的另一個好處是，日後當我碰到需要特定頁的時候，我可以直接叫出相應圖檔，比較方便。

5-6 檔名 ▶

　　掃描時可直接決定檔名。我個人會寫上書名，後面加上三位數頁碼，也就是，如果我掃的是實體書第一頁，則電子檔檔名會寫上001。實體書頁數跟電子檔檔名數字相同，日後找起來方便。

5-7 掃描設定 ▶

　　每家掃描器製造商使用的掃描程式不同，但基本設定大同小異。在掃描前，我們必須設置的項目是：保存位置、顏色模式（黑白／彩色／自動）、欲掃描頁面（單面／雙面）、圖檔畫質，以及檔案格式（PDF／JPG）。我會另外新建一個掃描資料夾，存放掃描好的電子檔。顏色模式一定會設成彩色，另根據掃描需求設定單面／雙面，至於畫質我一定是設最高的。

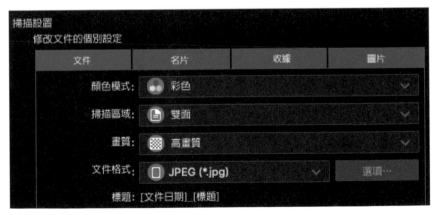

<圖6-62> 掃描設定

5-8　JPG to PDF ▶

掃描完成。如果各位和我一樣把成品文件輸出成JPG檔，那麼還得把它們轉換成PDF檔。有非常多軟體都能把JPG檔轉成PDF檔，各自挑選自己順手的收費或免費軟體使用就行了。我主要使用MacBook，所以我都用App Store裡RootRise Technologies Pvt. Ltd開發的JPT to PDF收費應用程式。

每個應用程式的轉檔方式都相差不多。選取要轉換的JPG檔之後，先合併成一個PDF檔，然後Export，就能完成一個合併的PDF檔。

<圖6-63> PDF轉檔應用程式

Windows使用者在入口網站搜尋JPG to PDF，會找到很多免費軟體。我的Windows系統安裝的是免費且免安裝的軟體。軟體種類繁多，各自選擇最適合自己的軟體就行了。

5-9 OCR ▶

　　OCR是「Optical Character Reader」的縮稱，指的是PDF檔中的光學字元辨識。如果是有OCR的檔案，把電腦上的PDF檔拖拉到其他檔案時，可直接貼上文字。同樣地，在iPad上，可以在有光學字元辨識的檔案，直接進行螢光筆畫線與畫底線等各種動作。

　　要有OCR轉換軟體才能進行OCR，我還沒找到MacBook用的OCR轉換軟體，而且我不喜歡Adone訂閱制服務，所以我到現在還在用十幾年前買的Windows版Adobe Acrobat Pro。我會在MacBook掃描後，傳輸到Windows上轉換OCR，再傳回MacBook。

　　我要說明的OCR功能，不是擷取書中文字的方法，而是日後在筆記應用程式中識別文字，以便使用螢光筆，還有畫底線等等，所以我在此說明的是可免費使用的OCR轉換軟體。ALTools（알툴즈）的免費OCR轉換軟體。它不用花幾十萬韓元，或每個月付幾萬韓元的訂閱費。AI PDF（알PDF）沒有Mac版，我會以Windows版進行說明。請各位先上ALTools官網下載並安裝AI PDF軟體。

※ 由於ALTools只有韓文版，以下圖片保留韓文圖片，請參照內文敘述。

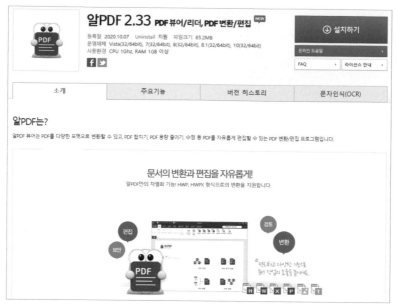

<図6-64> 在ALTools上下載AI PDF

在主頁的AI PDF下載符合自己的有光學字元辨識（OCR）文件的AI PDF
版本，然後安裝就行了。假如是看這本書才安裝AI PDF，只要下載安裝最新
（數字最大的）版本即可。

<圖6-65> 下載最新版的AI PDF

在安裝完後，執行AI PDF軟體，點擊[開啟]（열기），選取要掃描的PDF，然後按下光學字元辨識（문자 인식OCR）就行了。

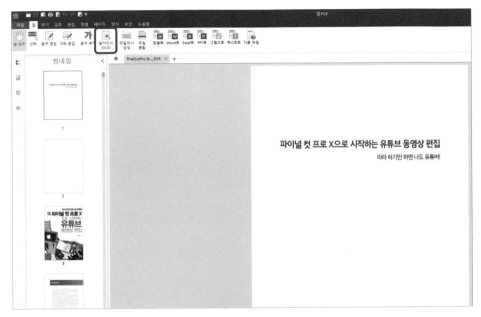

<圖6-66> OCR

即便頁數多寡會出現辨識速度的差異，不過基本上都很慢，請各位耐心等待。最好方法是，如果人在公司，趁下班前執行軟體後下班，隔天早上上班再確認是否辨識完成；如果人在家裡，那就晚上睡前執行軟體，隔天早上再確認。像這樣，執行完OCR辨識，各位就能在iPad上使用自己的檔案了。

高寶書版集團
gobooks.com.tw

新視野 New Window 232
我的第一本 iPad 手帳：從製作到裝飾，用 GoodNotes 與 Procreate 打造更適合自己的
專屬電子手帳
나의 첫 아이패드 다이어리 : 오늘부터 내 손도 금손？ 굿노트와 프로크리에이트 사용법부터 다이어리 꾸미기까지

作　　者　Sharky、Bamtol、DT GoodNote
譯　　者　黃苑婷
主　　編　吳珮旻
編　　輯　賴芯葳
美術編輯　林政嘉
排　　版　賴姵均
企　　畫　何嘉雯

發 行 人　朱凱蕾
出　　版　英屬維京群島商高寶國際有限公司台灣分公司
　　　　　Global Group Holdings, Ltd.
地　　址　台北市內湖區洲子街 88 號 3 樓
網　　址　gobooks.com.tw
電　　話　(02) 27992788
電　　郵　readers@gobooks.com.tw（讀者服務部）
傳　　真　出版部　(02) 27990909　行銷部 (02) 27993088
郵政劃撥　19394552
戶　　名　英屬維京群島商高寶國際有限公司台灣分公司
發　　行　英屬維京群島商高寶國際有限公司台灣分公司
初版日期　2021 年 12 月

國家圖書館出版品預行編目（CIP）資料

我的第一本 iPad 手帳：從製作到裝飾，用 GoodNotes 與
Procreate 打造更適合自己的專屬電子手帳 /Sharky，栗子，DT
GoodNote 作；黃苑婷譯 .-- 初版 .-- 臺北市：英屬維京群島
商高寶國際有限公司臺灣分公司, 2021.12
　　面；　公分 . -- (新視野 232)
譯自：나의 첫 아이패드 다이어리

ISBN 978-986-506-271-2(平裝)

1. 迷你電腦　2. 筆記法

312.116　　　　　　　　　　　　　110017355